学人

宁夏师范学院学人文库·第七辑

SONGNEN CAODIAN CAOYUAN YU
NINGXIA HUANGMOHUA CAOYUAN
MIANYANG FANGMU YU GUANLI YANJIU

松嫩草甸草原与宁夏荒漠化草原生态系统绵羊放牧与管理研究

◎ 杨智明 杨刚 王琴 著

U0351162

中国农业科学技术出版社

图书在版编目（CIP）数据

松嫩草甸草原与宁夏荒漠化草原生态系统绵羊放牧与管理研究 / 杨智明，杨刚，王琴著. —北京：中国农业科学技术出版社，2019.9

ISBN 978-7-5116-4244-8

Ⅰ. ①松… Ⅱ. ①杨… ②杨… ③王… Ⅲ. ①绵羊—放牧管理—影响—草原生态系统—研究—中国 Ⅳ. ①S826 ②S812.29

中国版本图书馆 CIP 数据核字（2019）第 117201 号

责任编辑　崔改泵　李　华
责任校对　贾海霞

出 版 者　中国农业科学技术出版社
　　　　　北京市中关村南大街12号　　邮编：100081
电　　话　（010）82109708（编辑室）（010）82109702（发行部）
　　　　　（010）82109709（读者服务部）
传　　真　（010）82106650
网　　址　http://www.castp.cn
经 销 者　各地新华书店
印 刷 者　北京建宏印刷有限公司
开　　本　787mm×1 092mm　1/16
印　　张　13.25　彩插4面
字　　数　288千字
版　　次　2019年9月第1版　2019年9月第1次印刷
定　　价　89.00元

前　言

　　草地生态系统（Grassland ecosystem）是陆地生态系统的重要组成部分，是一种可更新的自然资源，占陆地总面积的25%左右。我国草地总面积约为$3.9 \times 10^8 hm^2$，约占全国国土面积的41%。草地生态系统对维系生态平衡具有重要的作用，例如，草地具有调节气候、防风、固沙、净化空气、保持水土流失等作用；草地生态系统还能为人类提供大量的食物、能源，具有重要的经济价值。近些年来，由于人类对草地的不合理利用（过度开垦、过度放牧、毁草开荒等），导致草地资源遭受到严重的破坏、草地面积锐减、植被退化、土壤养分流失、空间异质性下降等环境问题。这些环境问题的产生严重地影响了畜牧生产和生态系统服务。

　　放牧（Grazing）是世界范围草地最主要的利用方式。放牧是在人工管护下的草食动物在草原上采食牧草并将其转化成畜产品的一种最经济、最适应家畜生理学和生物学特性的一种草地利用方式。草地作为一种可再生资源，要实现科学利用、可持续发展，有3个条件必不可少，即科学的放牧强度、合理的放牧方式（放牧制度）、有效的管理措施。放牧强度是基础，反映的是在保障草原健康状态下单位面积所承载的羊单位数，是一个生态生产力指标。放牧方式指草原放牧管理中的组织和利用体系，它是草地利用与休闲在时间和空间上进行的科学组合。在利用过程中，配合放牧强度和放牧频率的调整，实现牧草生长与家畜营养之间达成数量上的动态平衡。合理的放牧方式可以恢复草地生机，提高草地生产效益，保持草地生态平衡，使草地得以永续利用。有效的管理措施，就是保障放牧制度能顺利开展的各项管理制度和方法，包括人们的认识程度和划区轮牧的基础设施等。

　　我国位于亚洲东部，太平洋的西岸，地势西北高东南低，地形多样，气候多样，景象万千。这种复杂地形、气候与植被的影响，造就了丰富多样的草地类型。我国草地十分广阔，主要分布于北方和青藏高原地区，其中温带草原是我国草地最主要的植被类型。除此之外，组成我国草地的其他植被类型有草甸、荒漠和灌丛等。我国境内的温带草原是欧亚大陆草原的一个重要组成部分，位于秦岭以北、贺兰山以东和大兴安岭以西的广大平原和高原地区。可以说是欧亚大陆草原带自西向东伸入我国境内后，以内蒙古高原上的草原为主体，分别向东北和西南展开，形成两翼，在其东北方向为东北平原上的草原，而在西南方向则是黄土高原与鄂尔多斯高原上的草原。松嫩草甸草原和宁夏境内的荒漠化草原正位于我国境内的温带草原主体部分的东北和西南端，其中，松嫩草甸草原是东北方向草原与草甸的过渡类型，宁夏境内的荒漠化草原是草原向西北荒漠的过渡类型。以往诸多学者针对我国境内的温带草原的放牧研究成果较多，但是在我国境内的温带草原的东北和西南端的过渡类型上开展放牧研究的成果相对较少。因此，本著作从松嫩草甸草原自然概况、放牧对松嫩草地植被的影响、放牧对草地土壤的影响、放牧家畜行为研究、放牧对家畜的影响、草甸草原放牧系统绵羊饲养管理研究、冬季放牧绵羊舍饲配方研究、放牧对荒漠化草原植被的影响、滩羊采食行为研究、放牧对家畜的影响、荒漠化草原滩羊放牧与管理研究、荒漠草原生态系统能值分析与展望等14个方面就松嫩草甸草原和荒漠草原生态系统绵羊放牧与管理开展了研究，旨在通过对两类草地生态系统绵羊的放牧与管理研究成果的总结，期望为区域草原的可持续利用提供理论指导与实践范例。

本著作的出版是在宁夏高等学校一流学科建设（教育学学科）资助项目（NXYLXK 2017B11）、"宁夏师范学院学人文库·第七辑"及国家自然科学基金（31201839）资助下完成的。本著作由杨智明、杨刚和王琴三人共同策划并完成，只是在研究的侧重点和撰写上分工不同。本著作的内容仅是近些年来的部分研究成果，由于时间短、部分结论只是阶段性的，需要在今后的研究中进一步补充完善。由于作者的知识水平有限，难免在论述中有不妥之处，敬请读者批评指正。

著　者

2019年6月

目 录

1 草地放牧系统研究

放牧是在人工管护下的草食动物在草原上采食牧草并将其转化成畜产品的一种最经济、最适应家畜生理学和生物学特性的一种草地利用方式。

1.1 放牧家畜的采食

放牧过程中草食动物通过采食对植物产生最直接的影响。草食动物在采食过程中会对采食对象作出选择，即动物的食性选择（Diet selection）。从狭义上可理解为动物条件反射或自发地在草地植物种类间的选择。从广义的范畴讲，动物的食性选择是指动物在植物个体、植物群落、草地景观等不同尺度上选择，其目的是满足自身营养需要和适应采食环境。影响草食动物食性选择的因素众多，可归纳为植物因素、动物因素和环境因素。植物因素对草食动物采食行为的影响体现在以下三方面。一是植物营养，即最大需要量的营养物质（如蛋白质）对草食动物的食性选择影响明显，因其需要大量的营养以维持正常的生产。限制性营养物质的缺乏及某种营养的不平衡则会在一定程度降低家畜采食量。二是植物的物理特征，即植物茎叶的物理形态、颜色、质地、含水量等对草食动物采食量有一定影响。例如，草食动物更偏向采食植物幼嫩组织。三是植物的化学特性，即草食动物会因植物的气味、次生代谢物（Plant secondary metabolites，PSMs）的种类、含量及毒性等不同而作出选择性采食。研究表明，植物次生代谢物不仅会与消化道酶形成络合物影响酶活性与分泌，而且某些类型的植物次生代谢物会通过干预动物生理生化的正常调节来影响动物的采食。动物因素对采食的影响主要体现在动物的生理状态、饥饿程度及动物的遗传因素。动物的生理状态不同，对营养的需求不同，进而影响动物采食。动物的饥饿程度则直接决定着食性选择的强弱。影响草食动物采食的环境因素诸多，主要有水源、地形地势、降水热等气候因素。

草食动物的采食行为与过程极为复杂，动物可依据自身的视觉、嗅觉等对草地地形地势、植被特征（草地植物数量、品质）作出判断，并进行选择性采食。

由于草地生态系统植物在组织、植物个体、种群、植物群落、景观、区域等不同尺度存在时空差异。所以，导致草食家畜的选择性采食存在采食等级的差异，采食等级尺度从小到大依次为：口食（Bite）、采食状态（Feeding station）、斑块（Patch）、采食地点（Feeding site）、临时营地（Camp）和主牧地（Home range）。草食动物采食等级与植被特征的空间尺度的关系是：草食动物的口食和采食状态是草食动物在植物个体及群落尺度上的采食选择；草食动物斑块和采食地点是草食动物在景观尺度上的选择行为；临时营地和主牧地是草食动物在区域尺度上的采食选择。虽然，为了研究的需要可以进行动物采食等级尺度的划分。但是，草食动物的采食行为是一个在不同尺度上采食行为的相互交织相互影响的连续的、动态的整体过程。例如，草食动物在大尺度的采食环境会限制其在小尺度环境中的采食行为与采食策略。

基于动物采食研究成果，迄今已提出的主要动物采食理论包括：优化采食理论（Optimal foraging theory，OFT）、经验法则（Rule of thumb，RT）、边际值法则（Marginal value theorem，MVT）和最小总不适感（Minimal total discomfort，MTD）（表1-1）。

表1-1　主要的动物采食理论

Table 1-1　The main animal foraging theory

采食理论 Foraging theory	主要观点 Mainpoints
优化采食理论 OFT	在自然采食过程中，放牧动物所表现的采食行为是经过一系列权衡（Trade-off）的优化结果
边际值法则 MVT	动物在一个斑块中采食，当采食速率低于它在整个生境的平均采食速率时，会立即离开这个斑块
经验法则 RT	放牧动物作出采食选择是由动物本身的生理需求——饥饿以及其自身能力决定。动物的自身能力，特别是认知及学习判断能力在后天的采食过程中不断强化，逐渐在家畜的"脑中"形成某种经验式的判断，即经验法则
最小总不适感 MTD	动物在某一既定的生理状态下，对每种养分均需要一个最优供应率。超过这个值，就会引起动物的过食甚至中毒；低于这个值，就会造成动物对该养分的缺乏

1.2　放牧对草地的影响

1.2.1　放牧与草地植被

在草地生态系统中，动物与植物之间通过影响与被影响的相互作用促进着动物自身对草地环境作出不断地调整与适应。草食动物因植物个体营养、草地生物量、植物群落结构、植被演替等草地植被特征而调整采食策略，即草食动物在植物个体、群落、景观及区域尺度上影响着草地生态系统。诸多研究结果显示，草食动物方面对草地植物个体、群落组成、群落结构、群落稳定性、植被演替、物质利用等诸多方面产生显著影响。

当植物个体受到动物的采食干扰，富含水分、营养的叶片被大量采食，植物会因叶面积的减少自遮蔽性降低，植株幼嫩组织光照增多，加强了植物的光合作用，在一定程度上促进了植物的再生能力。放牧动物对草地植物不断的高强采食，使得植物各构件、分株、基株等不断发生变化，如植株高度降低、倾斜角减小等，植物表现出表型可塑性变化。随着高强度长期放牧的影响，草地植物生活型发生变化，其生活型由直立型向匍匐型发展，或者产生某些特殊的物理结构（如刺状物）来防御采食者。这种变化是草地植物应对动物采食的一种形态适应性选择。植物对动物采食响应的内在生理变化表现为：当植物失去部分叶片后，短期内植物叶片气孔开度增大，降低CO_2阻力，细胞蛋白、酶的降解降低，植物淀粉累积降低，蛋白质合成增加，叶片衰老延缓植物个体在较长时间范围内的化学反应，表现为通过某些化学物质（次生代谢物）对动物的生理调控而达到防御动物过度采食。放牧动物对草地植物个体、种群的直接影响效果最终会在草地植物群落尺度上表现出来而被人们所察觉。例如，长期过度放牧导致草地植物群落数量特征、群落植物组成、群落结构等发生显著变化。已有大量研究表明，放牧对草原植被的诸多数量特征（生物量、盖度、高度等）均有着重要的影响，这种影响程度是随着放牧强度的增加而增强，即随着放牧强度的增加，草原植被地上生物量下降，盖度、高度均会不同程度降低，并且不同草地类型和家畜种类对草地植物数量特征的影响程度不同。适当放牧有利于草地植被结构的改善，提高优良牧草的比例。高强度放牧导致草地禾本科等优良牧草的比例降低，杂草的比例升高。放牧对草地植被结构的影响是随着放牧强度的增加而加强的。放牧强度对草地植被结构的影响以早春最为明显，夏秋较弱。

生态系统功能是指系统内各个生态过程和速率，如生态系统物质、能量循环及信息传递等。生态系统功能、生态系统稳定性的研究是生态学领域重要的科学问题。生态系统功能主要研究的是系统生产力的变化、系统稳定性和营养物质动态。

生态系统生产力包括初级生产力和次级生产力。初级生产力是指生产者通过光合作用把日光能、CO_2及无机物质合成为有机物的速率。次级生产力则是消费者通过同化作用积累物质的速率。草地生态系统植物生产力是其生产力的基础。生产力是生态系统功能的综合指标，对生产力进行研究是揭示生态系统功能的有效途径。

稳定性作为科学术语起源于牛顿力学，指物质的平衡性质（静态稳定性）、运动稳定性（轨道稳定性）。而系统稳定性的概念来自系统控制论，其含义为系统受到外界干扰后，系统偏差量（状态偏离平衡位置的数值）过渡过程的收敛性。生态学的稳定性则是基于最初简单群落或生态系统种群变化的相关研究。后来，因生态系统稳定性在人类解决自然资源管理、生态保护以及可持续发展等重大生态学问题方面的巨大理论价值及实践指导意义而备受现代生态学研究的重视。生态系统稳定性的内涵是指生态系统结构与功能动态平衡的性质，即生态系统种群、群落抵抗干扰的能力，主要表现在生态系统受干扰后抵抗离开动态的能力，以及在干扰消除后，生态系统的恢复能力。当前生态系统稳定性研究的困难主要有：生态系统组织行为的原理有待统一，生态系统稳定性分析指标体系缺乏，生态系统干扰结构多样难以度量，生态系统稳定性分析的时间尺度的选择有待深入探讨，生态系统稳定性分析的模型基础与现实生态系统的差距巨大。由于生态系统的整体性与复杂性，生态系统稳定性的内涵决定着生态系统稳定性分析的关键在于对扰动的因素（物理环境因子、生物间相互作用）、不变性（系统某些性质物变化）、持久性（系统及其组分的生存时间）、恢复力（干扰清除后系统恢复初态的能力）、幅度（系统可以回复到初态的范围）等概念的阐释。在生态系统稳定性研究中，生态系统稳定性维持机制是一个需要重点解决的重大科学问题。已有的较为重要的解释生态系统稳定性维持机制的理论有：多样性或复杂性理论、反馈控制理论、食物网理论以及冗余理论等。其中，生物生态学家Macarther和Elton建立的多样性或复杂性理论是解释生态系统稳定性维持机制的"金科玉律"。虽然，基于数学模型的生态系统稳定性与多样性关系的研究，Garder、Ashby和May等理论生态学家得出了生态系统复杂性导致了系统的不稳定性的结论，这对Macarther和Elton建立的多样性或复杂性理论构成了威胁。但是，由于现实生态系统远较只能涉及有限几个物种的理论模型复杂，且没有考虑现实生态系统的自我调节机制，即Garder、Ashby和May等理论生态学家和生物生态学家关于生态系统稳定性的研究属于不同的性质的问题，理论模型研究的是系统的自激（Self-generating）不稳定性，而生物生态学家研究的是生态系统对外界的抗干扰能力。然而，生态系统稳定性概念的宽泛和生物多样性的多级性，注定生态系统多样性与稳定性之间不是简单的相关关系。

草地生态系统有关草食动物在控制植物多样性方面所起的作用已经进行了广泛的研究工作。诸多试验结果显示，草食动物通过直接采食具有竞争性的优势种或间接对植物竞争产生作用，提高植物多样性；草食动物也可能通过践踏、粪尿等形成局部扰动而增强植物的多样性；也有研究发现草食动物对植物多样性具有很弱甚至负的作用效应。由于这些试验结果不一致，研究者们已不再仅仅关注"草食动物是否对植物多样性产生作用"的问题。近年来对影响草食动物作用效果的因素，以及草食动物对植物多样性的作用机制已经成为研究者们讨论研究的焦点。大量研究与分析结果显示，草食动物对植物多样性的调控作用受动物种类、多度、体型大小、生境类型、时空尺度等因素影响。由于不同种类的草食动物对植物的利用方式不同，因此对植物多样性的作用效果不同。据报道大型草食动物的放牧活动增加植物多样性，而食草昆虫通常具有弱或负的作用效应，但在高放牧强度下，草食家畜的存在将会严重降低草地植物多样性，轻度或适度放牧能够增加植物多样性。随着动物体尺逐渐增大，草食动物对植物多样性作用逐渐增强。研究表明，草食动物作用效应的时空尺度对于解释草食动物对植物多样性的影响可能也很重要，虽然我们在短期观察到草食动物对植物多样性的增加效应，但这种增加效应可能会因草食动物引起的一些防御或耐受型植物种的减少而最终消失；相反，一些小型草食动物的瞬间周期性暴发，在短期试验研究中其作用效应可能不明显，但最终可能维持较高的植物多样性。此外，草食动物，特别是大型草食家畜对植物群落多样性的作用与特定的生境有关，在低生产力的草地上，放牧减少植物多样性；而在高生产力的草地上，适度放牧对植物群落的多样性作用很小；只有在生产力水平中等的群落上采食时，才能提高植物群落的多样性。关于草食动物对植物多样性的作用机制和理论解释，研究认为，草食动物主要通过影响局部植物种的定植（Colonization）与灭绝（Extinction）动态调控植物群落的多样性。草食动物可通过以下4个途径影响局部种的定植和降低物种的灭绝速率：一是提高繁殖体的扩散分布。二是提供空的生态位以增加种库植物植入的可利用位点。三是改变局部种子产量。四是提高小尺度上资源异质性，影响竞争排除。

1.2.2 放牧与草地土壤

土壤结构在任何时候都是破坏与恢复两个相对作用力共同作用的结果。放牧系统动物、植物及土壤之间的关系如图1-1所示。放牧家畜对草地土壤的踩踏以及对牧草的采食引起水分下渗能力降低，土壤侵蚀增加等。尤其是长期连续放牧，紧实的草地土壤得不到缓解。放牧家畜践踏及采食直接对草地及其植物造成机械性破坏，家畜对草地土壤的紧实作用则间接影响草地植物的生长。另外，家畜排泄物通过影响草地植物根系活动而间接影响土壤结构的自然恢复力、土壤活力等土壤物理特性。当草地土壤受到践踏，土壤微生物生境的改变同样会影响草地土壤物理特性。在草地放牧系统，动物、植物及土壤之间相互影响，关系复杂，很难将放牧家畜对草地的践踏、家畜的采食及排泄物对土壤的影响以及家畜对营养物质的转移运输分开。

放牧家畜践踏外在地导致土壤结构变差，而土壤则针对这种外压力在土壤结构稳定性范围进行再生性响应。自然的再生过程如土壤的干湿循环，植物根系的生长与腐败以及土壤动物对草地土壤的恢复，即通常所说的土壤的恢复力。影响家畜对草地践踏作用强弱的主要因素有动物种类、体重、蹄足及动能大小。例如，静止的绵羊对土壤的压力平均为$0.57 \sim 0.77 kPa/cm^2$，山羊静止时对土壤的压力为$0.55 kPa/cm^2$，这与一台未卸载的拖拉机对土壤的压力相当，但相对运输工具，家畜蹄足的压力对土壤的影响在土壤表层。家畜运动时对土壤的压力远大于静止状态，而家畜运动对草地土壤的压力影响主要发生在家畜采食过程，因此，这种家畜运动对草地土壤的压力影响由放牧时间长短而决定。影响草地放牧时间往往与水源远近、草地牧草品质好坏等因素有关。例如，一些放牧试验统计的运动中家畜的行走距离，牛的行走距离为4.0～16km/d，绵羊的行走距离为3.4～17.8km/d。关于采食家畜对草地压力的分布研究结果并不统一，但放牧的出入口、营地周围区域是家畜践踏的集中区域，并且相对长有绿色植物的区域家畜似乎更愿意践踏土地裸露的区域，这可能是由于裸露的土壤更利于行走。

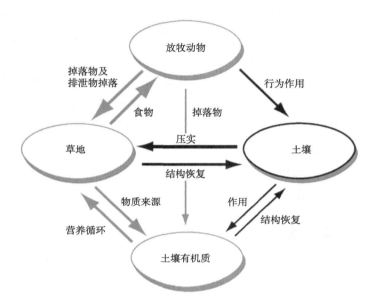

图1-1　放牧系统动物、植物及土壤之间的相互作用

Figure 1-1　Interactions between the soil，plant and animal within the grazing system

草地土壤对家畜践踏的响应依赖于土壤水分含量。当土壤湿度大时，土壤会沿着蹄周溢出，形成蹄印，泥泞的土壤更为严重；当土壤干燥时，家畜践踏导致土壤孔隙度降低，土壤变得紧实。最初，土壤孔隙中的空气被挤压出，随着持续践踏，所有空气被挤压完后土壤水分逐渐被挤压出土壤，土壤颗粒逐渐结固并逐渐变得紧实，土壤结固的过程相对较慢，但土壤紧实与结固的过程是相伴出现，不可分割。由此，家畜蹄足踩踏的局部范围土壤被重塑，紧实且缺少空气、水分的土壤对植物根系的生长影响显著。实验室用于测定土壤对压力响应的单轴压缩模型（Uniaxial compression）试验很好地模拟了土壤对放牧家畜践踏的响应过程，当施加在土壤上的压力很小时，增加了土壤密度或降低了土壤孔隙度，但对土壤结构的改变有限。当压力大于土壤开始结固压力时，土壤结构开始显著重排，土壤孔隙度变化曲线呈对数减小。当压力取消时，土壤孔隙度有微小的增大，但这取决于土壤的弹

性而非土壤的可塑性。此时，土壤水分增大，土壤压缩缓解，但土壤仍然保持团块状态。前期使土壤结块的压力因土壤水分压力由300Pa增加到30kPa，使得底层土所受压力减小了2～3倍。对于持续不断的压力，黏土含量越高的土壤密度上升越快。长期钻孔增加土壤有机碳含量的试验结果表明，有机碳含量增加有利于缓解土壤外在压力，但使用农家肥90年的土壤在受到100kPa压力后土壤孔隙度较未处理土壤下降更大。动物对土壤的压力通常具有短时的特点，因而对土壤的压力作用是使得土壤紧密而非结固。例如，奶牛在行走时蹄与地面接触的时间为0.75s，压力作用到地面的时间仅为0.6s。但家畜在牧食时对土壤的压力持续时间较长。家畜对草地土壤的压力不能很好地被试验模拟，因此，现有的实验室模拟家畜对土壤压力的结果低估了家畜对草地土壤的压力。因为动物蹄足对土壤的压力最初是垂直的，随着压力的持续增加以及家畜的移动、力的方向切变等导致土壤侧翻，使得土壤更加紧实。

关于草地天然植物或植物残留物增强土壤抵御外界压力的文章少见。但是，一些牧草及农田作物的试验已证明，植物可能是抵御土壤变紧实的重要因素。当给予土壤一定压力时，土壤中或表层的有机物有利于减缓土壤变紧实，并且牧草数量、大小及腐烂程度会影响牧草减缓土壤变紧实的效果。当土壤表层有机物较厚时，即便土壤水分含量高，土壤的强度也会增加，在受到外力时不会变得紧实。有学者认为，植物根系能够加固土壤以减缓其紧实，这是由于植物根系能够在土壤中产生大空隙并稳定土壤结构，并且土壤有机质增加，土壤微生物大量繁殖，大量长的真菌菌丝加固土壤团聚体的稳定性。当前，在放牧后的自然过程中，维持和改善草地土壤的物理条件的作用还不清楚。但已明确，放牧后土壤物理性质的恢复时间与土壤类型、初始的压迫程度、气候以及系统生物组分的活力有关。但基于作物的土壤恢复研究表明，土壤的干湿循环导致的土壤水冻融而使土壤伸缩，植物根系的生长与腐败导致土壤伸缩，植物的枯荣与营养再分配，土壤动物的活动4个方面的因素是草地放牧后土壤自然恢复的动力。

目前，放牧对草地土壤研究现状的结果是放牧对土壤物理性质产生不利影响。这些影响通常是在土壤表面，并且在高载畜率状态下更容易发生。当土壤水分条件较好或土壤水分接近耕作时，土壤更容易退化。土壤的物理性质（如浸润性和透气性）依赖于土壤孔隙的连续性，土壤的这些物理性质对放牧牲畜的压实作用最敏感。然而，关于放牧对土壤水分含量、渗透性、蒸发以及其他影响土壤水平衡的研究尚不充分。

1.2.3　草地的放牧管理

根据美国饲草与放牧术语委员的定义，放牧管理是指"为了实现预期目标而进行的动物放牧和采食"。作为草地生态系统最重要的管理方式——放牧的科学性、合理性直接关系到草地生态系统的健康与可持续发展，而决定草地放牧管理质量的关键因素主要有草地放牧制度与放牧强度等基本问题。

放牧制度（Grazing system）是放牧管理的组织体系。它根据草地生态系统中的能量与物质流动规律，在草地围栏、供水系统、清除灌木和播种优良牧草等建设的基础上，通过草地的放牧与休闲在时间和空间上的科学组合，结合对放牧强度（Grazing intensity）和放牧频率（Grazing frequency）的调整，使牧草的生长与家畜营养需要之间在数量上和质量上达到平衡。世界范围内较为一致地认为，持续重度放牧导致草地不同程度退化。草地管理者试图寻找不同的草地管理措施以维持甚至提高草地生产性能，进而提高放牧家畜的生产性能。由此，不同的放牧制度被提出并应用于放牧试验，放牧制度有连续放牧（Continuous grazing）、轮牧（Rotational grazing）（表1-2）等各种形式。但是，根据放牧家畜对草地的持续影响时间可分为轮牧和连续放牧两种放牧制度。普遍的研究结果表明，轮牧较连续放牧有利于提高放牧率，轮牧草地地上净生产力高于连续放牧草地，草地牧草品质及家畜个体增重轮牧均较连续放牧制度高。其主要原因是轮牧制度下草地有休养生息的时期，有利牧草再生。然而，少部分研究结果表明，轮牧制度草地动物增重较连续放牧制度低，或者两种放牧制度间草地牧草数量特征及动物性状特征无显著差异。

表1-2　常见的放牧制度

Table 1-2　The commonly grazing systems

放牧制度 Grazing systems	定义及特点 Main points
连续放牧 Continuous grazing	在草地上整年或整个放牧季开展放牧
轮牧 Rotational grazing	在放牧季，放牧家畜被相继地从一个放牧地转移到另一个放牧季的放牧管理方法
交替放牧 Alternating grazing	在两个或两个以上放牧场间交替放牧利用，放牧场间有一定时间间隔，以便休牧草地得以恢复
条牧 Strip grazing	放牧草地被划分为多个条带并依次利用，以保证放牧家畜每天都能够采食新鲜牧草
限量放牧 Rationed grazing	在以天、星期或更长时间单元事先规定放牧家畜数量的一种草地放牧制度
延期放牧 Extended grazing	通过补充干草以延长草地放牧时间的放牧制度
限时放牧 Time limited grazing	通常一天中短时放牧1~2次，以便提高高品质草地的利用或促进低质饲草的利用

综上所述，轮牧制度与连续放牧制度对草地及放牧家畜的影响结论尚不统一。但值得注意的是，评价放牧制度对草地的影响时，存在很多限制因素，如载畜量水平、草地均一性、家畜种类、年龄及管理水平等。只有在这些因素一致或相近的情况下评价放牧制度对草地的影响才较为合理。

放牧强度（Grazing intensity）是影响草地植被、家畜生产的关键因素。草地放牧强度低，会造成草地牧草浪费，单位面积家畜生产力低。然而，放牧强度过大，会导致草地退化、草地家畜生产力降低。关于草地放牧强度的研究表明，草地植被对放牧强度的响应随着放牧强度的增大而增强。放牧强度对草地植被盖度、现存量具有显著影响，随着放牧强度增大，草地植被盖度、现存量下降。草地放牧强度的不断增大改变了草地植物组成。例如，在持续重度放牧情况下，内蒙古锡林河流域草地羊草（*Leymus chinensis* Tzvel）和大针茅（*Stipa grandis* P. Smirn）逐渐被糙隐子草（*Cleistogenes squarrosa* Keng）所代替，并最终成为以白蒿（*Artemisia frigid* Willd.）为优势种的草地。这种草地植被植物学组成及植被数量特征的改变会导致草地牧草品质（例如，粗蛋白）的下降并会影响到牧草的消化率、家畜对有机物的采食等。例如，当放牧强度较低时，山羊瘤胃牧草消化率较高，放牧强度增大会导致家畜有机物摄入量下降。然而，部分研究结果显示，放牧强度与家畜采食量无关，因放牧家畜总会在生物量高的群落通过自主选择高品质牧草以维持采食量。高放牧强度对家畜（牛、绵羊和山羊）个体的体增重等生产性能的影响存在负效应，极少有争议。但是，短期内高放牧强度较低放牧强度单位草地有较高的产出，这往往以损害草地生态为代价。由此可见，草地放牧强度对草地植物、草地放牧家畜至关重要。然而，由于草地空间分布的特异性以及相应草地植被数量特征等属性的特殊性，必然决定着不同类型草地放牧系统应该有适宜的放牧强度，以保证草地放牧系统的可持续性。

1.2.4 放牧家畜的营养

放牧家畜生产是一个相对复杂的多种因素相互影响的系统工程。在这一系统中，放牧家畜生产效率由3个不同类型资源所决定，即基础营养资源（当地饲草料资源、采食牧草营养供给）、补饲营养资源（补饲能量、蛋白、矿物元素等）及家畜遗传资源（家畜品种）。放牧家畜生产最终产出是产品的数量、质量以及环境效益的综合表现，因为放牧系统生产是3种资源相互耦合的结果，任何单一资源都是建立在其他资源的基础之上。然而，不同类型资源是如何响应其他类型资源的，同时，其他类型资源是如何影响自身的效率的？因此，计划每个生产资源的利用必须考虑资源如何影响和受到生产系统其他组件的影响。

在放牧系统中，家畜遗传资源由所饲养的家畜品种所决定，必须适应生产条件，并具有充分的潜力以便把基础的以及补充的营养资源转化成动物产品。如果不能保证这个前提，生产效率会很低，即便是任何好的营养技术的使用都不会带来利润。基础的营养资源包括生产系统中可用的任何类型的资源，能够提供家畜营养但不包括具有营养特性的外部资源，如浓缩饲料或矿物饲料。像浓缩饲料或矿物饲料是来自生产系统之外，必须被视为补充营养资源。草地是家畜生产系统最主要的基础营养资源来源。具体而言，是有机物中可消化成分（其主要成分是可消化中性洗涤剂纤维的一部分），是反刍动物产品生物合成的最重要底物。放牧家畜所供给牧草的是一种营养极为复杂的基础营养资源，其供给家畜的质量和数量在一年中受气候变化的影响，例如，降雨、温度和太阳辐射等。然而，家畜生产所需要基础营养资源则必须在一年中持续稳定供给，这就需要适宜的营养供给技术和资源配置策略以克服草地饲草供给不稳定的问题。要提出并应用放牧家畜营养供给技术和资源配置策略，其前提必须是基于家畜生产系统最优经济变化范围掌握草地基础营养资源、补充营养资源供给的规律。

当前，绝大多数饲料评价系统是建立在饲料中可消化组分之间的叠加效应，不论营养物质是何水平，例如，概略养分（粗蛋白、粗纤维等）或纯养分（氨基酸、脂肪酸等）。这一饲料评价系统是建立在饲料组分之间的消化率或饮食引起的混合日粮组分能量的利用效率没有组合效应的假设基础之上。事实上，研究表明舍饲家畜饲料组合效应是存在的，并影响着家畜生产。家畜营养状况的评价通常依靠一些不精确的和指标的非特异性响应的变化，例如，提供给家畜的饲料是否充足。然而，放牧家畜营养状况极为复杂，作为生态系统的消费者，其营养变化范围宽广。这主要是由于草地植物所提供给草食动物的营养因植物生长时间、空间的变异而造成的食物资源数量、质量的差异，营养物质的吸收利用效率的不同以及家畜的选择性采食。在草地生态系统中，植物源的营养对草食动物的多个方面的特性造成影响。贫乏的营养条件会改变草食动物的生产特性（生长）、行为（采食频率、采食策略）以及草食动物在食物网中的相互关系。由此可见，充分了解放牧家畜营养状况显得极为重要。

有学者提出草食动物营养状况的评价方法为，提供给草食动物足量食物中的营养物质组分是否和消费者体内组织相应成分的一致性，或对食物中元素与消费者体内元素的同化比率、代谢损失相比较。但是，这种方法的难度不但在于消费者食物中营养物质浓度很低，而且有些我们感兴趣的营养的直接证据事实上限制了消费者的性能表现。另外，这种方法仍然是依赖于对低营养物质含量的参数估测。还可以通过测度不同营养含量下的消费者生长、繁殖状况以评价消费者的营养状况，但这些方法通常是基于实验室条件，或者是来自不同的生态系统，难以应用到草地放牧系统家畜营养状况评价。理想的放牧家畜营养状况评价指标可能首先需要考虑动物个体特征，所提出的评价家畜营养状况的植被应该是能够迅速地对单一的一类营养的变化（增加或减少）作出显著反应。其次，指标应该能够区分基于个体的养分的交互影响。再次，具体的指标应该基于动物类群或特定消费者。最后，指标能够被直接测定，相对无创伤，对大的脏器非致死，需要最少量动物组织或动物体重，并且方法简单成本低。随着科学技术的发展，理想的放牧家畜营养指标可能会出自基因表达、基因转录与监测、蛋白质组成与活性、代谢分析、血脂分析、生物分子含量、生理过程等技术领域。

放牧家畜的最主要饲草（Herbage）来源是草地。草地供给放牧家畜的饲草属于粗饲料（Roughage）的一类，而粗饲料是与精饲料相对应的概念。粗饲料的来源很广，可以是来自草地植物的叶片、茎秆，或者是作物的秸秆等，其干物质（Dry matter，DM）主要是由植物粗纤维组成（>180g/kg）。由于，放牧草地植物不断生长并成熟，饲草提供给放牧家畜的营养始终在不断变化。例如，返青初期的草地可以满足羔羊300g/d以上的增重，但是牧草成熟期的草地难以维持绵羊对营养的需求。总结前人研究成果，影响饲草营养的因素主要有植物的成熟程度、基因的改变、环境、草地管理措施等方面。植物成熟程度影响家畜营养主要体现在植物成熟度越高植物营养越低，这是由于叶片相对茎秆比例下降，植物细胞壁的比例上升，植物细胞内容物相对减少，植物体可溶性碳水化合物、蛋白质降低，纤维素、半纤维素和木质素含量升高。例如，随着植物不断成熟，硬直黑麦草（*Lolium rigidum*）叶片中粗蛋白含量由220g/kg降到130g/kg。植物基因的改变对牧草营养的影响主要是由于植物为了适应不同的环境及家畜采食而通过进化形成不同抵御外界干扰的机制，如木质化、角质化、硅化、次生代谢物、植物联合防御等。温度和光照总是直接或间接影响家畜营养，是最主要环境因子。高温通常促进植物中结构性物质（构成细胞壁的物质）的合成并加快植物代谢，降低细胞内容物。例如，当环境温度从14℃升到34℃时，意大利燕麦草（*Lolium multiflorum*）中木质素、纤维素及半纤维素显著升高，体外消化率显著降低，但C_4植物未见明显变化。光照影响植物光合作用。研究发现，一天中植物光照作用积累的可溶性碳水化合物下午高于早晨，这似乎可以成为草食动物更愿意在下午采食的原因。

放牧家畜的营养由饲草中营养的含量、营养物质的可利用率、家畜对饲草营养的转化效率以及家畜对饲草的采食量决定。草地提供给家畜的饲草营养含量通常为：干物质中脂肪和蛋白质的含量分别小于30g/kg、250g/kg，总能（Gross energy，GE）约18.4MJ/kg。总能大小在一定程度上反映了干物质中碳水化合物的含量。饲草中碳水化合物主要由相对可溶的细胞内容（葡萄糖、果糖、淀粉）和细胞壁（纤维素、半纤维素）构成。由于草地植物生长时间及成熟的差异，放牧家畜采食的大部分营养通过粪便被浪费掉了。例如，幼嫩植物叶片干物质被浪费部分小于200g/kg，而完全成熟的牧草茎秆被浪费掉的营养物质则大于600g/kg。放牧家畜能量损失的另外两个途径分别是尿和瘤胃发酵产生的甲烷。通过尿液和甲烷损失的能量稳定且远小于粪便中能量的损失，通常约为消化能（Digestible energy，DE）

的19%。植物总能中除去粪能、尿能和甲烷能，剩下的是参与动物机体代谢的能量，称为代谢能（Metabolizable energy，ME）。饲草中ME/DE的范围因植物的幼嫩程度范围为5～12MJ/kg，植物越幼嫩参与代谢的能量越多。家畜吸收并用于维持或生产的ME的多少直接与饲草中ME/DE的比值相关。饲草中粗蛋白（CP）的利用率不仅由饲草中粗蛋白本身的表观消化率决定，而且更为重要的决定因素是饲草中蛋白质在瘤胃中被降解后的简单氮的化合物——氨基酸氮的均衡程度所决定，即通常所说的饲料蛋白的质量。例如，幼嫩饲草中氨基酸丰富且均衡，并且植物细胞中含有丰富的可溶的氨基酸，它在绵羊采食咀嚼的过程中就开始释放，这部分蛋白成为瘤胃可降解蛋白（Rumen-degradable protein，RDP），可用于合成瘤胃微生物蛋白（Microbial CP，MCP）。瘤胃可降解蛋白未被瘤胃微生物利用部分则几乎全部以尿液的形式流失了。真蛋白包括微生物蛋白及少量的植物未降解蛋白在皱胃被降解为氨基酸并被小肠吸收。反刍家畜吸收利用蛋白的质量和效率主要依赖于瘤胃微生物蛋白，而瘤胃微生物蛋白则由植物中的可代谢蛋白决定。饲草中可代谢蛋白质中的蛋氨酸和赖氨酸的重要性次于瘤胃微生物蛋白，主要参与动物毛发合成及体增重。目前，放牧家畜蛋白营养研究的热点在于如何调控饲草豆科牧草比率以及通过单宁等物质降低瘤胃蛋白降解。

放牧家畜营养中能量物质占有最主导地位，蛋白类物质居于次要地位，是家畜生产的基础营养物质。但是，放牧家畜需求量相对很少的矿物类营养的重要性同样不能忽视。生产实践过程中，常常发现家畜有主动食土现象，即家畜主动食入一定量的含高钠、钙的土以满足生理需求，有学者认为动物食土是由于矿物元素缺乏。事实上，在草地放牧系统，在放牧季家畜生长发育及用于生产的营养几乎全部来源于草地植物这一基础营养源。然而，草地植物的营养基础是土壤，土壤中动植物必需矿物元素缺乏必将引起植物体相应的矿物元素水平低，继而导致家畜因某些矿物营养不足而出现生理功能障碍。影响家畜矿物营养的因素除了土壤因素（土壤类型）外，气候和季节因素也会通过影响牧草矿物元素含量而影响家畜矿物营养。例如，当环境温度从11℃升高到28℃时，意大利黑麦草钙、镁含量明显增加。随着植物的逐渐成熟，植物体矿物元素的含量发生显著变化，尽管不同植物和具体矿物元素因植物不断成熟，植物体矿物元素含量变化趋势不同。例如，植物体磷、硫元素随着植物的不断成熟含量显著降低，成熟期磷、硫含量仅为幼苗期的40%～60%。但是，这种植物体矿物元素因植物的不断成熟而变化的事实在很大程度上影响着放牧家畜的矿物营养平衡。目前，关于放牧家畜矿物营养的研究难点在于很难鉴别和诊断家畜矿物元素是否缺乏或过量，因为与家畜矿物元素缺乏相似的临床症状可能是由营养不良或寄生虫等引起的，极易混淆。因此，如何有效估测家畜矿物元素缺乏程度并制定预防家畜出现矿物元素缺乏症的对策是科学研究的重要目标。

1.2.5 放牧家畜的补饲

放牧是一种最为广泛且简单经济的畜牧生产方式，在各国畜牧业生产中占有非常重要地位。但是，放牧过程中草地不同植物生长发育的时期不同导致植物给予家畜的营养特性不同，这必然导致在放牧季草地供给家畜的基础营养源呈现波动，即通常说的"草畜不平衡"。这种"草畜不平衡"主要体现在，饲草供给的季节波动及营养物质的不平衡与家畜饲草需求的相对稳定之间的矛盾。例如，草地植物从返青开始，其生物量逐渐增大，在中国北方草原植物生物量在7—8月达到最大，而后逐渐下降。饲草所含营养物质因草群组成、植物成熟度等因素呈现出季节性的不平衡性。甚至，在冷季家畜处于长期的低质营养供应期，饲草中纤维含量高，代谢能总进食量只有5～6MJ/d，育成母羊全年代谢嫩、粗蛋白的摄入量均低于实际需求量。另外，寒冷应激是制约我国放牧家畜生产的又一主要因素。家畜为了抵抗寒冷，需要大量能量以维持体温。当摄入营养物质不足时，家畜必须动用体内的脂肪和蛋白质来抵御寒冷。这就要求家畜采食量、营养物质需求量相对稳定，需要长期稳定供给。这种草畜不平衡性必然导致在草地植物生长旺季，饲草、营养物质供给过剩，在草地植物返青初期及植物进入枯黄期，草地饲草、营养物质供给缺乏甚至出现匮缺。外加寒冷应激的情况下，必然要求在草地家畜生产中依靠补饲以解决家畜生产饲草缺乏的问题。

现代补饲理论的核心是对家畜进行营养调控，而不是简单地进行补饲。这就要求对放牧家畜营养的主要限制因素加以深入剖析，在营养补缺的基础上进行营养调控，以便提高放牧家畜饲料利用率并产生整体经济效益。世界范围内，绵羊在家畜生产中具有非常重要的地位。对我国北方牧区放牧绵羊的主要营养限制因素进行剖析，主要问题有：①放牧绵羊总营养摄入水平低。②饲草营养供给与绵羊营养需要脱节。③部分时期绵羊营养消耗大于营养摄入。④广泛存在绵羊蛋白质、葡萄糖及某些矿物元素缺乏的营养障碍。由此可见，围绕北方草地放牧绵羊的诸多营养问题开展放牧家畜补饲研究具有重要的现实意义。

要解决放牧家畜补饲问题，必须清楚放牧家畜不同时间营养摄入量，这就必须搞清楚放牧家畜的采食量，即准确测定放牧家畜的采食量。在生产实践中，家畜采食量的大小是动物营养的第一限制因素，是开展放牧家畜补饲研究的基础。基于前人研究成果，目前放牧家畜采食量的测定方法有：①模拟跟踪采食法。②差额法。③内指示剂法（例如，木质素、饱和烷烃等）。④外指示剂法（例如，Cr_2O_3）。⑤粪氮指数法。⑥反刍时间指数法。⑦称重法等。以上方法在试验过程各有优缺点，或者是准确度不够，或者是成本高，不易执行。总体而言，除了模拟跟踪采食法外，其他放牧家畜采食量测定方法均存在不能明确放牧家畜的日粮组成，即不能明确放牧家畜食性结构的问题。这给准确测定并计算放牧家畜纯营养物质摄入量造成巨大困难。由此可见，准确追踪并记录放牧家畜采食量及食性结构尤为关键。

当前，草地放牧系统家畜补饲研究主要集中在三个方面。一是针对某些单一元素平衡问题。例如，放牧家畜硒、铁等矿物元素的添加研究。二是非蛋白氮类物质的季节性补饲。三是寒冷季节或家畜特殊生理时期能量、蛋白质的补饲及平衡等方面。放牧家畜的补饲研究主要集中在内蒙古、新疆等牧区，其他地区开展放牧家畜补饲研究较少。放牧家畜补饲研究主要侧重部分时段（冬季、春季饲草缺乏时期）。草地放牧系统家畜补饲在年度周期上的研究鲜有报道，缺乏系统性成果。松嫩草地放牧系统家畜饲草季节供给、营养平衡及补饲等问题突出。时至今日，鲜有开展年度尺度上的放牧家畜营养、补饲等系统性研究。

草地放牧系统存在的问题

草地放牧系统（Grassland grazing system）与草地生态系统密切相关，是草地生态系统的重要组成部分。草地放牧系统具有系统的特性，同时具有生产与生态功能，并且更突出系统生产的目的性。草地放牧系统是人们生存、生产的重要的畜牧业生产基地。然而，世界范围内，大部分草地放牧系统由于过于追求第一性生产力和第二性生产力，导致草地放牧系统承载过大，草地生产力下降，草地退化严重。其根本原因在于草地物质循环被打破，草地生态平衡被破坏。如何解决草地放牧系统因放牧导致的系列问题，是生态学、草学、环境学等所普遍重视的科学问题。

2.1 我国草地放牧系统存在的问题

中国草地面积为$3.9 \times 10^8 hm^2$，约占国土面积的40%，草地面积是耕地的4倍、林地的3倍。草地在国家生态安全、国民经济、社会服务等方面发挥着重要作用。随着全球气候变化及人为扰动的不断加剧，草地生态系统原有的生态过程被强烈地改变着。

草地放牧系统理论研究已较为充分，大量学者从草地放牧系统土壤、植物、动物3个维度开展了研究。一是放牧对草地土壤微生物、土壤小动物、土壤理化性质、土壤结构、土壤空间异质性等多方面的深入研究。二是放牧对草地植物个体的生长发育的影响，放牧对草地植物群落数量特征的影响，放牧对草地生物多样性的影响，放牧对草地生态系统功能与过程的影响，放牧对草地植物空间格局的影响等多方面的研究。三是放牧家畜采食行为、生理生化、动物产品品质、生产性能、经济效益等多方面的研究。诸多学者从多维度、系统学的角度取得的草地放牧系统的诸多理论成果在一定程度上阐释或回答了草地放牧系统生产力的形成与调控机理、放牧系统生态功能及其维持机制等重大科学问题。然而，这些理论成果还需要进一步与草地放牧系统面临的实践问题相联系，即现有草地放牧理论成果与生产实践联系不足。毕竟，草地放牧系统虽然也被赋予了系统的功能与结构协调平衡基础上的生产与生态功效的结合意义。但是，放牧系统无疑突出系统生产的最高目的性，即草地放牧系统突出了被研究目标对象的经济生产价值，实际上强调草地植被生产与放牧生产2个关键环节，以获得系统的最高净能或畜产品为目的。草地上的牧草资源是放牧家畜的主要食物来源，草地放牧系统可持续发展的前提条件就是草地的健康或不退化。由于放牧家畜、草地植物种群结构的生物与生产特点不同，所以只有最大效率地利用、转化有限的植物资源，才能在保证一定生产力的前提下有效地控制放牧强度。在草地放牧系统中，草食动物采食则是草地放牧系统动物植物界面（Plant-animal interface）的核心特征，但是，草食动物与植物之间的关系非常复杂，两者经过长期进化，形成了特定的采食策略和防御策略。草食动物通过采食直接影响着草地植被的数量特征，进而影响着草地生态系统功能与生态过程。同时，草地放牧系统植物数量与质量则决定采食者营养状况，影响采食者的采食行为、生长等生产性能。这就要求我们利用已取得的放牧理论成果去指导草地放牧生产实践。

综上所述，草地放牧系统研究需从动物、植物多方面综合考虑，从不同的角度和尺度衡量系统，使得各个管理目标达到平衡。当前，我国草地放牧系统面临以下几方面的问题。

2.1.1 草畜失衡，结构性超载放牧

草地生态系统的人为扰动因素众多，包括开垦、割草、放牧等。其中，放牧对草地的影响是最为广泛且严重的。其根本原因是人口的不断增长对畜产品需求的不断增大而导致的草地长期超载，过度放牧，草地放牧系统草畜失衡，致使草地生态系统生物多样性丧失，草地普遍出现退化、沙化、盐碱化等诸多生态问题，草地畜牧业的可持续性遇到严峻考验。以往，针对我国草地畜牧业的核心问题——草畜平衡，诸多学者给出了"以草定畜""季节畜牧业"科学理论基础。这些理论基础在一定程度上指导了生产实践。但是，以上理论均以草地面积、初级生产力为基础，适当考虑其他补充性饲料来源（农副产品），按照基础饲养标准确定草地载畜量并推算草地的放牧强度。然而，事实上草地生态系统第一性生产力因非生物因素、土壤因素以及生物因素存在巨大的时空差异。这就使基于以上理论基础的草畜平衡相对静态，不能有效指导生产实践并保护草地生态系统可持续利用，其最终结果是草地生态系统在实践序列上持续退化。草地生态系统草畜平衡的确定，是一个复杂的系统工程，需要从生产、社会、经济、生态多个层面综合考虑，不能将草地某一功能放大并加以侧重保护。例如，我国早期草地政策侧重载畜量，过于重视数字。后期则过于重视草地的生态环境功能而忽视牧区经济发展的要求，大量草地被禁牧，不考虑牧民的生活与收入的增长，再后来则重视草地生态经济综合开发，这不但没

有起到保护草地的作用，反而刺激了牧民为了提高草地产量并兼顾生态效益，结果使得大量天然草地转变为人工栽培草地生态系统，威胁到草地生态经济系统的可持续发展。我国草地放牧系统结构性超载是指草地整体超载，部分区域、季节放牧利用不足。例如，我国草地放牧系统在1950—1960年进入过度放牧阶段。1960—1970年，草地承载量增幅放缓，2008年全国重点草原超载率达到最高。随后逐渐回落，但始终未回落到合理载畜量的范围。

2.1.2 粗放经营、效率低下

放牧是一种最为广泛且简单经济的利用方式，在全球发达地区盛行不衰，为当地经济发展作出了巨大贡献。放牧是随着科学发展不断进步的草地管理学科。草地放牧经历了由原始游牧到现代科学放牧的巨大转变，即19世纪末到20世纪初，原始粗放的草地游牧吸纳现代科学知识成果，最终到20世纪30年代完成了原始游牧的现代化蜕变。草地放牧可划分为4个阶段，即原始（自发）的游牧、粗放（自觉）的游牧、过度（无序）的放牧和现代化（合理）的放牧。我国草地放牧未经历现代化（合理）的放牧这一蜕变期。随着《中华人民共和国草原法》的颁布，区域性的提出了草地放牧的新理论，采用了一些新技术、新方法，但我国草地放牧系统整体处于过度（无序）的放牧这一阶段。这就导致我国草地放牧系统始终处于粗放经营，生产效率低下的状况。据测算，我国草地放牧系统家畜生产能力平均为7.94APU/hm^2（APU，Animal production unit），而世界草地放牧系统平均家畜生产能力为109.99APU/hm^2。

2.1.3 放牧与舍饲结合不够紧密

放牧固然是一种简单高效的草地管理形式，但是，放牧始终受到自然环境的限制。这是由于草地牧草的生长受气候的影响，并且牧草产量、营养物质季节性明显。尤其是冬春季节草地牧草匮乏，饲草品质低劣，往往导致放牧家畜生产性能下降甚至出现死亡。这在很大程度上制约了放牧系统家畜生产。舍饲是一种农业措施，利用农业生产的副产品可以不受限制地进行家畜规模化饲养。关于家畜放牧系统的研究以及家畜纯舍饲的研究开展得很多，但是，针对放牧家畜开展补饲的技术、方法等方面的研究还相当薄弱，鲜有能指导生产实践的放牧系统家畜补饲技术、方法。

2.2 松嫩草地放牧系统存在的问题

松嫩草地是我国草原带自然条件最好的草原区之一，在植被区划上属森林草原区，生态区划上为农牧交错带区，是我国天然草地植被中经济价值较高的一类植被类型。松嫩草地是以羊草（*Leymus chinensis*）与贝加尔针茅（*Stipa baicalensis*）为建群种的草甸草原。羊草草地对环境变化反应敏感，稳定性、抗逆性差，水土流失、草场退化、沙漠化等环境问题突出，是我国生态脆弱地区之一。松嫩草地因其特殊的土壤状况，地表植被的失去会因春季干燥多风等气候因素导致草地沙化，同时水分大量蒸发（1 400～2 000mm）使得平原中部湿地潜水的矿化程度提高（0.5～4g/L），草地盐碱化问题严重。现有草地中退化面积为166.2万hm²，占草地总面积的77.6%。

　　放牧是松嫩草地的重要利用形式之一。松嫩草地放牧系统存在以下两方面的问题。一是草地超载过牧严重。过度放牧导致羊草草地生态系统退化、生物多样性丧失等诸多生态、生产问题。例如，该区域在发展草原畜牧业过程中对牲畜重数量、轻质量，重放牧、轻舍饲；对草原重利用、轻管理，重产出、轻投入。据统计，在1979—1997年不到20年里，牛的数量从36.9万头增到110.6万头，羊从88.5万只增至413.3万只，且全都为放牧。由于草场严重超载，理论载畜量迅速下降，到1985年全区草地放牧约超载110%，即300万羊单位左右，到1997年则超载400%，即779万羊单位。例如，吉林省长岭县草地承载力仅占当前实际载畜量的16.6%，草地严重超载。由于松嫩草地长期超载，导致草群质量下降，优良牧草比例降低，以豆科牧草最为突出。同时，植被生产力下降达20%～50%，系统固碳能力降低，系统稳定性下降。松嫩草地退化已相当严重。二是农牧结合差，饲草资源利用率低。松嫩草地是我国农牧交错带的组成部分。该地区具有丰富的农业资源，尤其是大量的农作物秸秆（玉米秸秆、绿豆秸秆等）被丢弃或直接焚烧，造成了农业资源的浪费。事实上，农作物秸秆通过适当的加工调制可成为补饲放牧家畜的饲料。特别是在寒冷的冬季，农作物秸秆是家畜重要的饲草保障。尽管已有学者尝试结合草地放牧系统与农业生产系统，期望实现草地放牧系统与农业生产系统的耦合。但是，这方面的研究还很不够。至今，鲜有利用农业资源解决松嫩草地放牧系统饲草平衡、草地管理等方面存在的问题的方法与技术。

　　近年来，国内外诸多科学家从生态学、动物营养学、家畜放牧行为学等方面进行了大量理论与实践研究，并取得了大量研究成果，但仍有所不足。

　　第一，从草地植物的视角，草地家畜放牧系统研究主要集中于放牧家畜对草地植被的数量特征、植物多样性、土壤理化性质、土壤小动物、土壤微生物等诸多方面的影响研究，研究内容丰富。从放牧家畜的视角，主要研究集中于家畜采食行为、家畜生产性能等方面。然而，放牧家畜的采食行为、家畜生产性能的发挥、经济效益的获得都是基于放牧的家畜的营养状况好坏。因此，基于放牧家畜营养的放牧研究是必要的。到目前为止，针对放牧家畜营养状况的相关研究较少。另外，已有的大部分针对草地放牧系统动植物之间互作关系的研究侧重理论研究，对生产实践的指导性不强，应用于指导松嫩草地放牧系统生产实践的放牧管理技术缺乏。

第二，已有的大量研究多从生态学的视角切入并开展了放牧与羊草草地植被特征、空间异质性、土壤空间异质性等之间的关系研究，放牧与土壤微生物的关系，家畜放牧与草地植物多样性的关系，不同体尺家畜放牧对草地的影响，放牧家畜草食行为等诸多研究。但以上诸多研究都弱化了松嫩草地适宜的放牧强度的问题。而草地适宜放牧强度的确定对于特定草地类型的可持续利用至关重要。由此可见，针对松嫩羊草草地的适宜放牧强度不论是从理论学的角度还是从指导生产实践都需要给予高度重视，并明确量化提出。另外，针对松嫩草地放牧系统的适宜放牧制度以及草地休牧制度的研究鲜有报道。

第三，松嫩草地因冬季漫长寒冷的气候特点，冬季家畜舍饲是整个草地生产系统中极为关键的环节。以往的舍饲研究均局限于精粮型的饲养模式，对当地饲草料资源重视不够，尤其对当地低质的粗饲料资源开发不够。并且，以往大多数关于草地放牧研究和冬季补饲研究相脱节，两者没有联系。但是，在松嫩草地放牧系统，牧草生长季家畜放牧和冬季家畜补饲研究密切相关，不可割裂。因放牧季家畜营养状况直接决定着冬季补饲的技术与方法。而恰恰因这些关系松嫩草地生产实践的研究欠缺，导致放牧家畜冬季补饲技术方法缺失，严重限制松嫩草地放牧生产实践工作的开展。

松嫩草地放牧系统除动植物界面的核心问题（草畜平衡）需要研究外，冬季漫长寒冷自然环境下该区域草地放牧系统的家畜饲养问题是需考虑的又一重要科学问题。为了解决松嫩草地放牧系统动植物关系的理论问题和满足生产实践需求，亟需在松嫩草地开展基于家畜营养平衡的放牧与冬季补饲研究。

2.3 荒漠化草原放牧系统存在的问题

荒漠化草原放牧系统是一个由气候、地质地貌、水文、土壤、家畜和生态等要素构成的复杂的生态系统，系统内部各构成要素相互联系、相互制约，形成荒漠化草原放牧系统的动态平衡。只有保持该系统的平衡，荒漠化草原放牧系统才能源源不断地为人类生存和发展提供物质和财富。

长期以来，由于人们对草地在维护生态平衡、维护人类生存环境的战略地位和其在国民经济和社会发展中的重大作用缺乏认识，在开发利用草地的过程中，往往只顾眼前利益，乱开滥垦。据统计，自1981年以来，宁夏荒漠化草原放牧系统已有30.01万hm²优良草原被开垦，加之滥挖乱采、重利用轻管护，超载过牧严重，造成草地大面积退化、沙化，植被覆盖度不断下降，退化、沙化草原面积已达97%，并呈进一步恶化的趋势。由于草场退化、沙化，草地植被破坏严重，使草地产草量与20世纪60年代相比下降了30%～50%，载畜能力也大大下降，草畜矛盾日益突

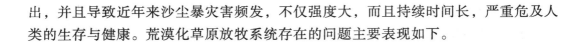

出，并且导致近年来沙尘暴灾害频发，不仅强度大，而且持续时间长，严重危及人类的生存与健康。荒漠化草原放牧系统存在的问题主要表现如下。

2.3.1 禁牧带来负面影响

实行禁牧圈养后，原来放牧的羊只已经习惯了游走自由采食，在草原上既能呼吸新鲜空气，又能根据它们的喜好采食不同植物。圈养起来，缺乏丰富多样的牧草营养，加之该地区人们种植农作物相对单一，没有圈养羊只的经验，不能供给羊只适口多样的牧草，羊只很容易掉膘，并且羊只的发病率大大提高，导致农民收入减少。此外，圈养以后，羊粪尿被人们用来种植农作物使用，导致草原肥力及草原生态链遭到严重破坏。

2.3.2 管理不到位

宁夏荒漠化草原放牧系统草场经营方式相对落后，管理不到位，草原荒漠化的治理一直未收到显著的效果，形成"局部好转，整体恶化"的趋势。其原因是长期以来草原保护管理工作没有做到位。虽然草原地区的沙尘暴现象已经引起了社会上广泛的关注和治理，但每年势头一过，很多地方的草原管理工作便出现了松懈的状况。尽管一些机构如草原工作站和监理站早已成立，但是机构作用并不明显，例如，草原工作站中职责包含草原保护政策研究，但有的草原工作站的部分预算并未展现相关研究经费；草原工作站等职责部分不明确，使草原破坏仍在继续。

2.3.3 缺乏资金支持和管理人员

因为草原监理工作缺乏专项资金支持，管理人员的交通、信息、执法设备落后、短缺。这一原因也导致了草原管理人员的短缺。草原管理人员的缺乏使得执法人数、执法力度不足，草原管理站的管理职责无法得到真正的体现，开展草原管理、执法工作的难度无形之中加大。虽然国家在近些年逐步加大了对草原地区专项治理资金的投资力度，但缺乏有效的监督管理机构，在资金的层层下达之中，一部分资金未能及时地下发到草原管理机构手中，真正及时到位的款项严重不足。宁夏荒漠化草原草地资源退化速度日益加快与草原管理人员保护管理不到位有着直接的关系。

2.3.4 不合理的开垦

开垦草原的主要原因是因为人口增长和耕地减少，人们的基本粮食需求得不到满足，也有因为当地居民追求一时经济利益而开垦。

宁夏荒漠化草原在地质构造层面来讲并不适合开垦，气候条件属于干旱和半干旱地区，冬季寒冷，夏季炎热，春、秋两季时间短且气候多变，农耕需要的是降水量稳定丰富的气候，但草原地区降水量少，风沙大，因此草原地区不适合农耕，只有放牧才是符合生态发展规律的最佳选择。大面积草场被开垦后，许多天然植被遭到严重破坏，直接导致了该地区地表不稳定，水分在土壤中的渗透能力下降，还导致了风沙、土地盐渍化等现象的产生。最严重的后果是生物多样性遭到破坏，生态系统遭到破坏，加剧了沙漠化速度。

2.3.5 滥挖乱采

改革开放初期，我国居民生活水平普遍较低，经济发展也相对缓慢，在生存和利益的驱使下，人们早已将环境保护、生态系统稳定这些概念抛到脑后，乱砍滥伐，只为眼前利益，不仅破坏了生态环境，也随之带来了草原荒漠化的灾难。宁夏荒漠草原地区拥有丰富的药材资源，如甘草、黄芪、柴胡等，因为这些药物通常以其根入药，因此必须挖根采集。大量采集者在利益的驱使下根本不顾采集方法，将草原留下一个个挖药后的深坑，破坏了药材周边植物的生长，造成了大量流沙的产生。国家和当地虽然明令禁止各种采挖行为，但是在经济利益的驱使下，仍存在滥挖乱采现象。

2.3.6 利用与养护不协调

草原是农牧民的生产资料，农牧民要借助草原创造财富，维持生存。人类在以荒漠化土地为生产对象和生产资料发展任何类型产业的过程中，在不断从该生态系统中摄取物质和能量的同时，必须重视通过土壤改良、施肥、增加有机物质等活动，补充系统的物质和能量的消耗，做到利用和养护相结合。禁牧休牧政策是为让草原得到充分休息，使草原的肥力和承载能力得到保持。禁牧前，放牧动物可以将粪尿还予土壤，适当踩踏可以疏松草原土壤，利于草原牧草生长。但是禁牧后，不让农牧民利用草原从中受益，所以，农牧民对草原的保护没有主动性和持久性。此外，圈养家畜需要大量劳动力的投入，草原养护也需要劳动力。近年来社会经济发展以及便利的务工条件，造成青壮年劳动力更倾向于外出务工，出现了承包草原但不承担养护草原责任的现象。

3 **松嫩草甸草原自然概况**

3.1　地理位置

本研究区域位于中国的松嫩平原（地理位置：42°30′~51°20′N，121°40′~128°30′E）（彩图3-1）。松嫩平原被大兴安岭、小兴安岭及长白山丘陵山地所包围，南部以松辽分水岭与辽河平原相连，两者合称松辽平原，是东北平原的主体部分。松嫩平原属于松辽断陷带的一部分，在地质构造上是一个凹陷区，且西南部在继续下沉而东北部则有上升现象。松嫩平原的主要行政分布于内蒙古、黑龙江和吉林3省，总面积18.3万km²。由于受松花江、嫩江及其支流冲积，地势平坦，平均海拔高度为120~200m。

本研究的试验在位于吉林省长岭县东北师范大学松嫩草地生态研究站（地理位置：123°45′E，44°45′N）（图3-1）东南约15km的一块700hm²的长期刈割兼有放牧的草地开展。试验样地所在的草地地势相对平坦，其海拔高度为145~147m。试验样地于2010年3月开始设计并完成样地的分区、围栏等工程。试验处理前，草地各小区地上生物量、土壤容重、全氮、全磷、全钾、速效氮、速效磷、速效钾、有机质等重要指标无显著差异。

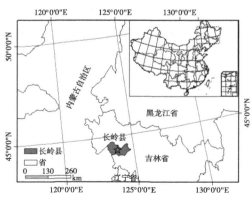

图3-1　研究地点的草地景观及其地理位置示意图

Figure 3-1　The vegetation landscape and geographic location of the experimental site

3.2 气候特点

松嫩平原属温带大陆性半湿润、半干旱季风气候。四季气候变化明显，春季受到蒙古高压影响，且随着全球日趋变暖，降水日趋减少，干旱逐渐加重，干旱少雨。夏季主要受到来自副热带高压及海洋气团的影响，温热多雨，雨热同季。秋季干燥，冬季严寒。全年平均降水量为280～450mm（图3-2），且主要集中在6—9月；全年平均总蒸发量为1 500～2 000mm，超过总降水量的3倍以上。该地区的年平均温度在5.6～6.5℃（图3-3），其中1月的平均气温在-26.0～16.0℃，7月的平均气温为21.0～23.0℃。该地区≥10℃年积温2 533～3 375℃，可见，积温的年际变化较大。研究区域的无霜期为136～165d，平均日照时数约为2 891h，全年平均风速为3～5m/s，平均有风日数超过100d。

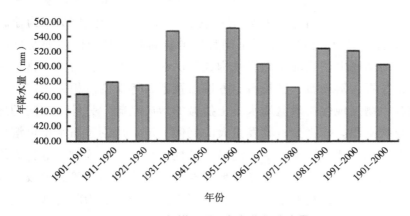

图3-2 松嫩平原百年年代间降水量

Figure 3-2 The precipitation of Songnen Plain during hundred years

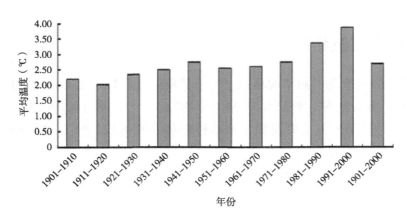

图3-3 松嫩平原百年年代间平均温度

Figure 3-3 Average temperature of Songnen Plain during hundred years

松嫩平原是我国三大季节性稳定积雪区域之一，这里冬季寒冷，且降雪丰富（彩图3-2）。据文献报道，每年10月1日至翌年4月30日草地积雪覆盖率可达30%~40%。这区域的草地长时间被积雪覆盖，进而造成草食家畜冬季粗饲料补给困难，最终导致草食家畜生产受到严重制约。

3.3　土壤特征

松嫩平原的土壤类型呈地带性分布。自东到西依次为黑土、碳酸盐草甸黑钙土、草甸土、砂土和草甸黑钙土。除地带性土壤类型外，隐域性土壤、盐渍土及沼泽土等土壤类型错综镶嵌，呈非均匀分布。

该地区的土壤类型主要为黑钙土。随着对土地的不断开发，地表土出现盐碱化，盐渍土面积较大。一般认为，当土壤表层或20~30cm的亚表层土中所含水溶性盐类超过100g，风干土中含0.1g水溶性盐类，或碱化度超过5%时为盐碱土。据统计，松嫩草地2/3以上土壤发生了不同程度的盐碱化。其成因主要是地质造山运动，松辽盆地的基底由古老的结晶岩系构成，后经复杂的地质运动，富含钠铝硅酸盐矿物（如正长石、斜长石、钠长石、方钠石及霞石等）的沉积风化以及大量含有苏打盐湖相沉积物是现代松嫩盆地水、土盐碱的地质基础。另外，凹陷的地形使得淋溶碱性石灰盐富积。降水少，蒸发量大的气候特定，加剧了高水位可溶性盐类向地表运移。近现代土地大规模开垦、滥垦、乱挖、樵采、超载放牧等行为均在不同程度上破坏地上植被、土壤结构，导致地表裸露、土壤板结、暗碱形成明碱，并在雨水冲刷、风蚀作用下，盐碱范围扩张。本研究样地的土壤为苏打盐碱土，土壤盐分主要是$NaCl$、Na_2CO_3、$NaHCO_3$等形式，这些成分形成了混合盐碱土，土壤的pH值在8.0以上。

3.4　植被类型及特征

松嫩草原分布于半湿润草甸草原、半干旱草原过渡带，主要植被类型为草原、草甸、沼泽和榆树疏林。该区域有种子植物765种，分属于85科334属，以禾本科、菊科、豆科等6种为主要物种（禾本科85种、菊科122种、豆科58种、莎草科45种、藜科36种、蔷薇科41种）。

表3-1为研究样地中出现的主要植物。

表3-1　研究样地中出现的主要植物

Table 3-1　The main plants in the experimental sites

植物物种 Plant species	拉丁文名 Latin name	科 Family
羊草	*Leymus chinensis*	
芦苇	*Phragmites australis*	
拂子茅	*Calamagrostis epigejos*	
星星草	*Puccinellia tenuiflora*	
虎尾草	*Chloris virgata*	禾本科 Gramineae
狗尾草	*Setaria viridis*	
野古草	*Arundinella hirta*	
牛鞭草	*Hemarthria sibirica*	
獐茅	*Aeluropus sinensis*	
寸草苔	*Carex duriuscula*	莎草科 Cyperaceae
三棱藨草	*Scirpus planiculmis*	
草木樨	*Melilotus suaveolens*	
五脉山黧豆	*Lathyrus quinquenervius*	豆科 Leguminosae
兴安胡枝子	*Lespedeza daurica*	
全叶马兰	*Kalimeris integrifolia*	
黄蒿	*Artemisia scoparia*	
蒙古蒿	*Artemisia mongolica*	菊科 Compositae
女菀	*Turczaninowia fastigiata*	
苦荬菜	*Ixeris denticulata*	
碱地肤	*Kochia sieversiana*	藜科 Chenopodiaceae
碱蓬	*Suaeda glauca*	
匍枝萎菱菜	*Potentilla flagellaris*	蔷薇科 Rosaceae
旋覆花	*Inula japonica*	旋花科 Convolvulaceae
西伯利亚蓼	*Polygonum sibiricum*	蓼科 Polygonaceae

（续表）

植物物种 Plant species	拉丁文名 Latin name	科 Family
展枝唐松草	*Thalictrum squarrosum*	毛茛科
箭头唐松草	*Thalictrum simplex*	Ranunculaceae
砂引草	*Messerschmidia sibirica*	紫草科 Boraginaceae
罗布麻	*Apocynum lancifolium*	
抱茎白前	*Cynanchum amplexicaule*	萝藦科 Asclepiadaceae
鹅绒藤	*Cynanchum chinense*	
海乳草	*Glaux maritima*	报春花科 Primulaceae
马蔺	*Iris lactea*	鸢尾科 Iridaceae

本试验所处的区域是以羊草（*Leymus chinensis*）与贝加尔针茅（*Stipa baicalensis*）为建群种的草甸草原。由于气候、土壤及放牧利用等人为因素，贝加尔针茅逐渐消失，演替为具有发达的地下茎耐盐碱性、耐瘠薄、抗寒、抗旱能力强的羊草草原；芦苇（*Phragmites communis*）为当地亚优势物种，具有较强的抗逆性。研究区伴生植物种主要有星星草（*Puccinellia tenuiflora*）、牛鞭草（*Hemaarthria sibirica*）、野古草（*Arundinella hirta*）、拂子茅（*Calamagrostis epigeios*）、虎尾草（*Chloris virigata*）、兴安胡枝子（*Lespedeza davurica*）、五脉山黧豆（*Lathyrus quinquenervius*）、草木樨（*Melilotus suaveolens*）、斜茎黄耆（*Astragalus adsurgens*）、寸草苔（*Carex duriuscula*）、全叶马兰（*Kalimeris integrifolia*）、碱蒿（*Artemisia anethifolia*）、黄蒿（*Artemisia scoparia*）、蒙古蒿（*Artemisia mongolica*）、碱蓬（*Suaeda glauca*）、碱地肤（*Kochia sieversiana*）、蔓委陵菜（*Potentilla flagellaris*）等。

3.5　草地与农业资源利用

松嫩草地由于具有优越的气候资源与土地资源禀赋，草地被不断开垦并进行放牧、割草等不同利用方式的高强度利用，成为我国农牧交错带（图3-4）的一部分。据史料记载，辽、金、元时期，松嫩草原区主要利用方式是游牧，草原大面积被开垦始于辽代，清朝和日本占领期加大了开垦。新中国成立后，大量草原被开垦为农田。

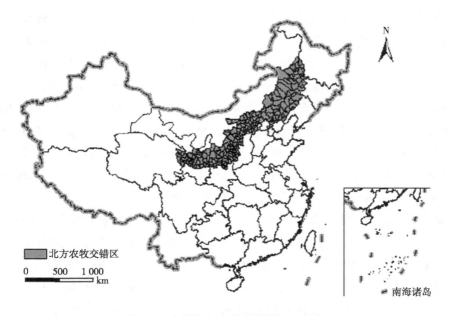

图3-4　中国北方农牧交错带地理分布

Figure 3-4　Geographical distribution of the northern farming-pastoral zone of China

据统计，自新中国成立初期黑龙江省可利用草原为1 348万hm^2，到1985年降为753.18万hm^2，而到1990年全省草原面积为719.87万hm^2，即从1949—1985年的36年间，草原总面积减少了594.82万hm^2，平均每年减少17.00万hm^2；从1985—1990年，草原面积共减少33.31万hm^2，平均每年减少6.66万hm^2。1980—1995年间，松嫩西部4.6×10^5hm^{2}草地转化为其他土地利用类型，其中大部分转化为耕地，尤其高覆盖度草地转化面积最大，达到3.1×10^5hm^2。草地利用类型及破碎化速度无缓解迹象。遥感监测结果显示，松嫩平原西部近15年各土地利用类型斑块总数增加，最大斑块指数变大且斑块面积变异系数升高，景观多样性指数降低而优势度增大。随着草原被不断开垦以及草原超载过牧等主客观因素，草原"三化"问题日益凸显。据统计，1990年黑龙江全省草原"三化"面积有356.26万hm^2，占草原总面积的49.49%，其中沙化面积24.05万hm^2，盐碱化面积56.89万hm^2，退化面积275.32万hm^2，分别占草原总面积的3.34%、7.90%和38.25%。吉林省西部草地有30%～50%已变成碱斑裸地，失去了利用价值。草原平均亩产干草从20世纪80年代的150kg以上降到现有草原亩产干草不足80kg，牧草由高变矮、由密变稀，产草量降低10%～30%，优质牧草比例下降5%～20%，甚至更多。土壤有机质减少，土壤肥力明显下降。如松嫩草原黑土、黑钙土有机质从开垦初期的8%～12%，高者达15%，降到20世纪70年代的3%～5%，严重地区达到2%～3%。目前，土壤有机质一般降低了50%～70%，严重者达80%以上。同时，草原沙化、碱化日益加剧，导致草群质量下降，优良牧草比例降低，植被生产力下降达20%~50%，系统固碳能力降低，系统稳定性下降。一些具有经济价值的植物因过度的人为活动干扰（如采掘经济植物、过度放牧和刈割、盲目开荒、工业污染、打猎等）而消失。例如，草地龙胆（*Gentiana scabra*）、防风（*Saposhnikovia divaricata*）、知母（*Anemarrhena asphodeloides*）、甘草（*Radix Glycyrrhizae*）、麻黄（*Ephedra distachya*）、柴胡（*Radix Bupleuri*）、桔梗（*Platycodon grandiflorus*）、芍药（*Paeonia lactiflora*）、黄芩（*Scutellaria baicalensis*）、远志（*Radix Polygalae*）、黄花菜（*Hemerocallis citrina*）、细叶百合（*Lilium pumilum*）、山杏（*Prunus armeniaca*）等植物数量逐年减少，成为濒危植物。

松嫩草地西部是我国农牧交错的组成部分，必然具有农牧交错带的资源与经济特征。农业一直是该区域的经济支柱。但是，松嫩农牧交错带，大部分地区采用的是雨养农业，种植结构相对单一，以玉米、高粱、大豆等粮食作物为主，兼有葵花、蓖麻、土豆等经济作物。丰富的农业副产品有利于牧业的发展。长期以来，松嫩草地就有多种优良家畜品种在这块草地上繁衍生息，主要家畜有蒙古马、蒙古牛、蒙古羊、山羊、猪、鸡等地方品种，还有在这些地方品种的基础上培育改良的具有优良生产特性的家畜品种。例如，东北细毛羊是在蒙古羊的基础上经过长期选育而成。随着畜牧业的发展，大量国内外家畜品种的引进使家畜品种结构更为复杂。随着牧业经济的发展，松嫩草地家畜数量快速增长。

4 放牧对松嫩草地植被的影响

在草地放牧系统中，家畜是影响草地生态系统功能的重要决定者，这主要体现于家畜的牧食（Foraging）、践踏（Trampling）、粪尿沉积（Fecaluria）等行为会对草地生产力、草地植物群落的物种组成、结构、物种分布以及植物多样性等诸多特征产生影响。相应的草地植物会通过补偿性生长、防御等策略来降低家畜采食对植物自身的过度伤害。由此可见，放牧对草地的影响关键是放牧强度。

放牧强度对草地植被生产力与植物多样性的影响之所以成为众多研究的焦点，是因为草地生产力是系统获取能量、固定CO_2的物质载体，是草地生态系统结构组建的物质基础，草地生物量的变化能够直接反映到整个草地生态系统物质循环与能量流动。放牧优化假说（Optimal foraging hypothesis）阐明，适度放牧可以通过促进草地植物补偿性生长而达到提高草地生产力的目的，而过度放牧则会导致草地生产力降低。其原因在于适度放牧能够刺激牧草补偿生长。Milchunas（1993）等对全球236个研究成果的综合分析结果显示，放牧对草地植物生产力的作用是中性或者具有降低效应，仅有17%的研究结果指出放牧增加了植物生产力。结果不一致的原因可能是草地降水量、生境、土壤肥力及放牧方式等因素的不同。例如，放牧导致干旱年份草地生产力降低。在沣水年，放牧能够增加土壤肥力高的草地植物生产力，而降低了土壤肥力低的草地植物生产力。放牧对草地植物多样性的影响成为另一研究焦点的原因是草地植物多样性对草地生态系统的生产力和系统稳定性有重要影响。放牧强度能够改变植物群落组成，高放牧强度加剧了植物群落侵入种的比例的增加，降低了优势种的比例。干扰能够改变系统多样性，在众多假说中，中度干扰假说（Intermediate disturbance hypothesis，IDH）已经被普遍接受。中度干扰假说认为，物种丰富度在中等干扰水平时最大。放牧作为一种人为的干扰草地的形式，被证明适度放牧有利于草地植物多样性增加，重度放牧不利于草地植物多样性的维持。但是，有研究显示，放牧并不能提高草地植物多样性，甚至放牧对草地植物多样性有负作用。由此可见，放牧对草地植物多样性的影响结论并不一致。

放牧制度是草地放牧系统研究中又一个需要考虑的问题。放牧制度是利用家畜管理草地的放牧利用体系。放牧制度最为主要的目是在一定建设（网围栏、给水设施等）的基础之上，依据草地植物群落中的能量流动与物质交换规律，通过科学的管理，规定了放牧家畜在时间和空间尺度上对草地利用，从时间、空间上的完美组合以达到对草地的放牧利用与休养生息。同时优化放牧强度和放牧频率来达到最终的目的。完善的放牧制度能够改善草地的生产力，维持草地的生态功能。

放牧制度最早的提出是通过季节性放牧使草地休养生息，达到对已退化的草地生态系统恢复功能的目的，即休牧制度。现有的放牧制度可归纳总结为自由放牧和轮牧两种，而休牧制度本质是属于轮牧制度。根据放牧方法的不同，有连续放牧（Continuous grazing）、轮牧（Rotational grazing）、更替放牧（Alternating grazing）、带状放牧（Strip grazing）、限量放牧（Rationed grazing）、延长放牧（Extended grazing）、限时放牧（Time limited grazing）及季节休牧放牧（Seasonal grazing）等不同的放牧技术。不同的放牧制度对草地植被的影响差异较大。自由放牧会使草地植被数量特征趋向降低，划区轮牧对草地的可持续利用更为有利。例如，自由放牧区短花针茅、无芒隐子草的盖度、生物量显著低于划区轮牧区（$P<0.05$），划区轮牧使短花针茅的生长与分蘖更为明显，划区轮牧制度下短花针茅生殖枝的形成速度要高于自由放牧制度下短花针茅生殖枝的形成速度，同时划区轮牧有更多的种子产生。放牧制度在一定程度上会影响草地植被的营养价值，即划区轮牧草地植被的营养价值相对较高。放牧制度不但对草地地上植物群落有重要影响，而且，放牧制度也会影响草地地下碳储量，划区轮牧较自由放牧有利于草地植物根系有机碳的积累。

本章将重点研究放牧强度与放牧制度对松嫩草地现存量、植物多样的影响，为回答松嫩草地放牧干扰对系统功能、植物多样性的影响等生态学问题提供理论依据。

4.1 试验设计

本试验样地位于松嫩长岭种马场前金山（44°32′50.45″N，23°40′5.04″E）的一块约700hm^{2}长期草地。

放牧强度试验采用单因素完全随机设计。本试验设有HG（6只羊/hm^2）和MG（4只羊/hm^2）两个放牧强度，CK为对照，采用围栏封育的方式，不放牧（彩图4-1）。

放牧强度试验在9个100m×100m大小的围栏（Block）中开展。其中，Block1、Block4、Block9为HG放牧处理；Block2、Block8、Block10为MG处理；Block3、Block5、Block7中用铁丝网围封的面积为30m×50m的Control1、Control2、Control3为CK处理。

休牧制度的试验是在放牧强度试验样地的基础上（彩图4-1），分别在春季、夏季、秋季对草地进行休牧处理，研究草地植被、土壤理化性质对休牧制度处理的响应。休牧试验共有18个休牧处理（表4-1）。

表4-1 春、夏、秋季休牧及放牧强度处理下的休牧制度

Table 4-1 The rest grazing system with different grazing intensity treatments in spring, summer and autumn, respectively

放牧强度（只/hm²） Grazing intensity	缩写 Abbreviations		春 Spring	夏 Summer	秋 Autumn		休牧制度 Rest grazing system 春 Spring	夏 Summer	秋 Autumn		春 Spring	夏 Summer	秋 Autumn
重度放牧（6只/hm²） High grazing（6sheep/hm²）	H	R11	H	H	H	R1	M	M	M	RA	N	H	M
		R12	N	H	H	R2	N	M	M	RB	H	H	M
中度放牧（4只/hm²） Medium grazing（4sheep/hm²）	M	R13	H	N	H	R3	M	N	M	RC	N	M	H
		R14	H	H	N	R4	M	M	N				
无放牧（0只/hm²） No grazing（0sheep/hm²）	N	R15	N	N	N	R5	N	N	N				
		R16	H	N	N	R6	M	N	N				
		R17	N	H	N	R7	N	M	N				
		R18	N	N	H	R8	N	N	M				

R1、R2、R3、R4、R6、R7、R8，是在中度放牧强度（4只/hm²）下的季节休牧处理。用于观测R1、R2、R3、R4、R6、R7、R8处理对草地植被、土壤影响的每块小样地面积为20m×25m，用铁丝网围封。这些小样地处于Block2、Block8、Block10内。R5是对照，采用围栏封育的方法，不进行放牧，对应的样地是处于Block3、Block5、Block7中用铁丝网围封的面积为30m×50m的Control1、Control2、Control3（彩图4-1）。

R11、R12、R13、R14、R16、R17、R18，是在中度放牧强度（6只/hm²）下的季节休牧处理。用于观测R11、R12、R13、R14、R16、R17、R18处理对草地植被、土壤影响的每块小样地面积为20m×25m，用铁丝网围封。这些小样地处于Block1、Block4、Block9内。R15是对照，采用围栏封育的方法，不进行放牧，对应的样地是处于Block3、Block5、Block7中用铁丝网围封的面积为30m×50m的Control1、Control2、Control3（彩图4-1）。

RA、RB、RC休牧处理对应的观测样地分别是Block3、Block5、Block7中的Replicate1、Replicate2、Replicate3（彩图4-1）。

RA、RB、RC是3种季节动态放牧强度的休牧制度。R1、R2、R3、R4、R6、R7、R8、R11、R12、R13、R14、R16、R17、R18是14种季节恒定放牧强度的休牧制度。

4.2 试验方法

4.2.1 放牧方法

试验动物为健康无病的2龄东北细毛羊（母羊）与小尾寒羊的杂交品种（fine-wool sheep × Small-tailed Han Sheep），体重相近[（47.45±0.67）kg，M±SD]，对其进行编号、药浴（磷氮乳油）和驱虫（丙硫咪唑），随机分组。

放牧试验的开始时间分别为2011年6月1日、2012年6月1日，结束时间分别为2011年10月30日、2012年10月30日。放牧试验持续时间为150d。

依据当地牧民放牧习惯制定放牧计划，即每天早5：00至下午6：00在放牧样地中连续放牧，围栏内放置绵羊野外自由饮水器具（图4-1）。

4.2.2 植被取样与测定方法

草地植被数据调查时间分别为2010年、2011年、2012年的6月1日、7月1日、8月1日、9月1日以及10月1日。采用面积为0.5m×0.5m样方进行草地植被现存量、盖度、密度调查。草地植物频度采用0.1m²样圆进行调查（图4-2）。草地植物地下生物量土钻法分层取样，水洗法进行植物根系与土壤分离，实验室烘干测定地下生物量。

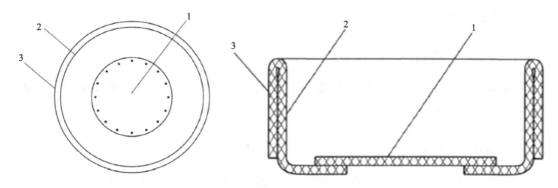

1. 胶片；2. 内层侧壁；3. 外层侧壁

图4-1　放牧绵羊野外饮水器具

Figure 4-1　The wild drinking apparatus of grazing sheep

图4-2　绵羊放牧与植被调查

Figure 4-2　Grazing of sheep and vegetation investigation of experiment

4.3 指标测定

4.3.1 地上生物量

植株齐地剪取，105℃鼓风烘燥1h，然后65℃烘干至恒重，实验室充分回潮测其风干重并记录数据。

4.3.2 地下生物量

用直径10cm圆柱形土钻分别取0~10cm、10~20cm、20~30cm土层土壤，用水洗法分离植物根系，105℃鼓风烘燥1h，然后65℃烘干至恒重，计算地下生物量。

4.3.3 盖度

采用0.5m×0.5m的样方框，用针刺法测定草地植被盖度。重复5次。

4.3.4 高度

在样地内，随机选取植物，每种10株（丛），测定其自然高度，求其平均值作为该种植物的平均高度。

4.3.5 密度

分种齐地剪取样方内牧草，并记录该种植物的总株数或丛数。

4.3.6 频度

采用0.1m²样圆，沿同一方向，抛掷样圆，记录样圆内出现的植物种类，共测定10次，求出草地植物频度。重复3次。

重要值=（相对盖度+相对生物量）/2

4.3.7 Shannon–Weiner多样性指数（H）

$$H = -\sum P_i \ln P_i; \quad P_i = n_i / n$$

式中：n_i为物种i的重要值；n为群落中所有物种重要值之和。

4.4 数据统计与分析

所有数据采用SPSS 16.0（SPSS Inc., Chicago, IL, USA）软件包进行统计

分析。进行观测数据的方差同质性和正态分布检验，当观测数据通过方差同质性和正态分布检验，接着采用单因素方差分析（One-way ANOVA）方法分别检验2011年、2012年草地现存量、植物多样性、土壤容重、水分、全氮、全磷、全钾、速效氮、速效磷、速效钾、有机物在放牧强度处理组间差异。处理间的差异采用Tukey's法进行多重比较，统计检验的显著水平以$P \leqslant 0.05$为基准。

4.5　结果分析

4.5.1　放牧强度对草地现存量的影响

在整个生长季，草地牧草的现存量在2011年、2012年有较大差异。其中，2011年放牧季草地牧草现存量呈现先缓慢增大后迅速下降趋势（图4-3），8月草地牧草现存量最大，其中HG处理组草地现存量为（1 726.37±71.94）kg/hm²，MG处理组8月草地现存量为（1 676.13±82.58）kg/hm²，随后迅速下降。2012年8月，草地现存量HG为（2 243.48±356.32）kg/hm²，MG为（2 324.62±76.17）kg/hm²，因2012年8月降水较多，9月草地现存量达到最大[HG：（2 306.73±259.19）kg/hm²，MG：（2 355.38±155.39）kg/hm²]（图4-3）。由此可见，草地现存量年际间变异较大。2011年不同放牧强度处理仅6月HG处理与MG及对照组间差异显著（$P<0.05$），其他时间组间差异不显著（$P>0.05$）。2012年放牧强度处理各月草地现存量组间无显著差异（$P>0.05$）。

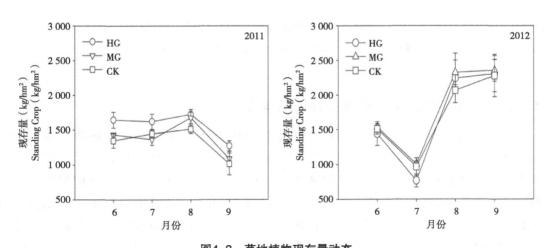

图4-3　草地植物现存量动态

Figure 4-3　The dynamics of standing crop of grassland

图4-4是2011年、2012年草地现存量减去羊草后的牧草总和所呈现的结果，在

这里称为喜食牧草。放牧强度处理对家畜喜食牧草量产生了明显影响。2011年6月HG处理组家畜喜食牧草产量最大[（468.54±180.95）kg/hm²]，对照组家畜喜食牧草产量为[（293.93±22.74）kg/hm²]，MG处理组最小[（145.92±59.16）kg/hm²]，HG与MG处理家畜喜食牧草产量组间差异显著（$P<0.05$），但对照组与HG及MG处理组间差异不显著（$P>0.05$）。2011年7月，放牧强度对家畜喜食牧草产量影响结果与6月一致。2011年8月和9月，家畜喜食牧草产量组间无显著差异（$P>0.05$）。2012年6月和7月，家畜喜食牧草产量MG处理组最大[（496.94±50.77）kg/hm²，（791.71±88.64）kg/hm²]且与HG及对照组间差异显著（$P<0.05$），HG与对照组间差异不显著（$P>0.05$）。2012年8月和9月，家畜喜食牧草产量组间无显著差异（$P>0.05$）。

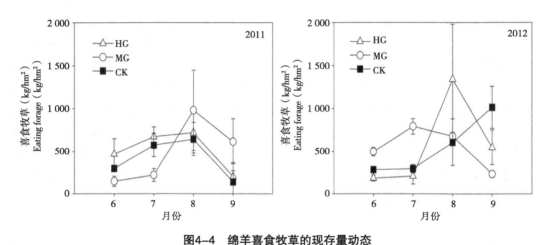

图4-4　绵羊喜食牧草的现存量动态

Figure 4-4　The dynamics of eating forage of sheep

4.5.2　草地植物多样性对放牧强度的响应

根据2011年、2012年放牧强度处理对草地植物多样性影响的观测结果可知（图4-5），2011年6月，放牧强度对草地植物多样性产生了影响，对照组草地植物多样性Shannon-Wiener指数最高（1.93±0.06），HG处理草地植物多样性Shannon-Wiener指数为1.77±0.13，MG处理草地植物多样性Shannon-Wiener指数最低（1.47±0.16），对照组与MG处理组间差异显著（$P<0.05$），但与HG处理组间差异不显著（$P>0.05$），HG与MG处理组间差异不显著（$P>0.05$）。2011年8月，放牧强度对草地植物多样性的影响结果与6月一致，而7月和9月放牧强度对草地植物多样性的影响组间差异不显著。2012年整个放牧季不同放牧强度处理草地植物多样性组间无显著差异（$P>0.05$）。

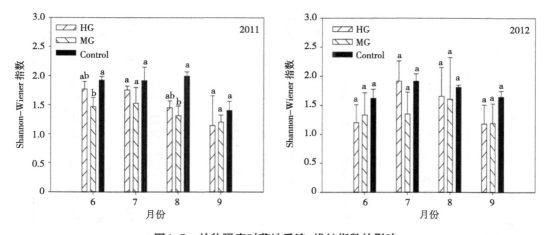

图4-5 放牧强度对草地香浓–维纳指数的影响

Figure 4-5 The effect of grazing intensity on the shannon-wiener index of grassland

4.5.3 草地现存量与植物多样性对休牧制度的响应

经过2年的休牧处理，2011年，各休牧处理间草地现存量无显著差异（表4-2，$P>0.05$）。但自2012年7月开始，草地牧草现存量在各休牧处理间开始出现分异，其中2012年7月对照处理草地现存量最小，其他各休牧处理组草地现存量均大于对照。由此可见，草地完全封育并未获得最大的生物量。2012年8月R13、R7处理草地现存量较大，分别为261.13g/m²、271.41g/m²，而R17处理草地现存量最小，为220.76g/m²。可见春、夏连续休牧不利于草地获得高的现存量；2012年9月R12、R14处理草地现存量最大，分别为262.24g/m²、262.22g/m²，而R3处理草地现存量最小，为178.36g/m²。由此可见，在春、秋季休牧有利于草地保持较高现存量，而春、秋重度放牧则不有利于草地保持高的现存量。

经过2年的休牧处理，2011年，各休牧处理间草地植物Shannon-Weiner指数差异不显著（表4-3，$P>0.05$）。但通过2011年、2012年两年同期多样性指数比较发现，6月和7月草地Shannon-Weiner指数有降低趋势。另外，2012年，各休牧处理间草地植物Shannon-Weiner指数在7月和9月组间出现分异趋势。2012年7月，R6（H-N-N）处理草地植物Shannon-Weiner指数最小，而R5（N-N-N）处理最大，R17（N-N-H）次之。可见休牧有利于草地植物保持较高多样性；9月R3（M-N-M）处理组草地植物Shannon-Weiner指数最大，其次为R16（N-H-N），R8（M-N-N）处理草地植物Shannon-Weiner指数最小。

表4-2 休牧处理对草地现存量的影响

Table 4-2 The effect of rest grazing treatments on standing crop of grassland

休牧处理 Treatments	6月Jun				7月Jul				8月Aug				9月Sep			
	2011		2012		2011		2012		2011		2012		2011		2012	
	Mean	SE.	Mean	SE.	Mean	SE.	Mean	SE.	Mean	SE.	Mean	SE.	Mean	SE.	Mean	SE.
R2	114.32	21.61	119.47	11.13	122.51	16.80	230.60 a	11.05	130.63	11.62	235.82 ab	7.78	136.12	16.15	252.97 ab	2.42
R3	94.50	18.07	136.53	19.94	128.00	26.70	200.52 a	25.03	128.95	5.60	215.05 ab	4.66	94.43	12.28	178.36 b	35.09
R4	121.71	8.77	157.87	24.17	107.56	7.06	218.62 a	6.23	106.42	14.46	254.25 ab	13.12	80.50	24.52	235.90 ab	29.50
R5	134.90	10.12	157.42	19.95	144.68	5.82	96.91 b	12.63	151.37	6.11	206.70 ab	3.87	101.31	15.55	228.06 ab	30.38
R6	108.58	6.84	124.40	16.42	128.91	17.04	215.98 a	25.99	107.17	28.78	235.39 ab	20.28	115.63	13.35	219.02 ab	34.85
R7	102.83	29.19	148.93	10.08	124.23	16.72	236.96 a	9.66	139.90	14.93	261.13 a	17.63	142.38	14.16	234.84 ab	9.72
R8	106.87	29.76	126.80	19.19	139.99	20.45	226.21 a	7.86	130.20	20.35	248.05 ab	20.21	107.75	25.26	221.97 ab	23.76
R12	81.57	4.53	158.85	8.56	117.68	13.57	222.94 a	24.79	111.09	7.88	217.73 ab	43.33	84.20	19.06	262.24 a	7.77
R13	110.43	31.43	148.53	23.11	127.99	20.12	219.01 a	10.96	129.07	29.48	271.41 a	21.86	117.43	19.38	211.94 ab	11.94
R14	86.67	26.52	140.67	24.45	111.58	19.22	197.01 a	5.45	138.74	10.75	250.23 ab	7.79	115.77	33.33	262.22 ab	7.30
R15	134.90	10.12	157.42	19.95	144.68	5.82	96.91 b	12.63	151.37	6.11	206.70 ab	3.87	101.31	15.55	228.06 ab	30.38
R16	84.91	16.40	133.07	25.22	136.92	10.51	241.28 a	24.73	123.66	18.93	185.47 ab	36.11	91.41	9.39	249.45 ab	36.34
R17	83.50	17.73	177.07	22.73	120.05	14.81	231.14 a	23.71	128.53	20.09	220.76 b	28.02	111.29	17.73	219.04 ab	23.57
R18	75.22	19.01	173.60	29.82	110.68	4.05	227.01 a	17.26	151.30	19.75	227.78 ab	15.85	92.65	26.13	234.86 ab	24.77

注：未标显著结果表示见差异不显著（P>0.05）

表4-3 休牧处理对草地植被Shannon-Weiner指数的影响

Table 4-3 The effect of rest grazing treatments on Shannon-Weiner index of grassland

处理 Treatments	6月 Jun				7月 Jul				8月 Aug				9月 Sep			
	2011		2012		2011		2012		2011		2012		2011		2012	
	Mean	SE.	Mean	SE.	Mean	SE.	Mean	SE.	Mean	SE.	Mean	SE.	Mean	SE.	Mean	SE.
R2	1.57	0.22	0.98	0.11	1.67	0.13	1.54ab	0.15	1.73	0.22	1.79	0.09	1.83	0.46	1.65ab	0.27
R3	1.95	0.03	1.11	0.22	1.81	0.54	1.43ab	0.26	2.02	0.37	1.91	0.38	0.74	0.13	2.01a	0.33
R4	1.47	0.55	1.01	0.32	1.33	0.26	1.64ab	0.18	1.47	0.19	1.28	0.47	1.32	0.11	1.70ab	0.12
R5	1.93	0.06	1.62	0.16	1.92	0.23	1.92a	0.13	2.00	0.07	1.81	0.04	1.41	0.16	1.64ab	0.10
R6	1.39	0.72	0.56	0.06	1.35	0.32	0.93b	0.50	1.21	0.37	1.28	0.14	0.87	0.25	1.39ab	0.09
R7	2.16	0.33	0.84	0.10	1.45	0.47	1.56ab	0.09	1.73	0.25	1.78	0.03	0.84	0.13	1.58ab	0.12
R8	1.44	0.34	1.24	0.28	1.57	0.27	1.30ab	0.53	1.87	0.29	1.01	0.17	0.94	0.27	1.20b	0.20
R12	1.54	0.38	0.66	0.11	1.46	0.15	1.01ab	0.24	1.36	0.29	1.71	0.08	0.76	0.30	1.65ab	0.26
R13	2.27	0.32	0.79	0.63	2.19	0.38	1.25ab	0.29	1.70	0.41	1.45	0.34	0.63	0.19	1.37ab	0.38
R14	1.33	0.37	0.59	0.16	1.34	0.03	1.61ab	0.21	1.56	0.28	1.78	0.04	1.13	0.10	1.53ab	0.16
R15	1.93	0.06	1.62	0.16	1.92	0.23	1.92a	0.13	2.00	0.07	1.81	0.04	1.41	0.16	1.64ab	0.10
R16	1.46	0.37	1.00	0.40	1.57	0.12	1.02ab	0.26	1.67	0.17	1.21	0.21	0.99	0.14	1.76ab	0.13
R17	1.66	0.13	1.03	0.52	1.79	0.06	1.70ab	0.19	1.71	0.08	2.03	0.28	0.85	0.42	1.64ab	0.16
R18	1.07	0.30	0.54	0.14	1.35	0.33	1.37ab	0.30	1.44	0.43	1.53	0.39	0.83	0.10	1.40ab	0.35

注：未标显著结果表示见差异不显著者（$P>0.05$）

4.6　讨论

4.6.1　放牧强度对草地现存量的影响

放牧是草地放牧系统最为主要的扰动因子，显著影响着草地植被的变化。放牧影响草地植被的因素诸多，有动物畜种、品种、家畜行为、放牧时间、放牧强度、放牧制度等多种因素。但是，这其中放牧强度、放牧制度对草地变化的影响至关重要。

在本试验中，连续2年的试验结果表明，在松嫩草地，放牧对草地牧草现存量的影响年度间存在较大差异。这可能是由于降水引起的草地牧草现存量年度间的巨大变化。因为在本试验实施过程中，2012年降水明显高于2011年。研究表明，区域降水每升高1mm，草地气候生产力升高21.269kg/（hm²·年）。2011年放牧试验结果显示，不同放牧强度处理对草地牧草现存量的影响的差异仅出现在6月。然而，2012年整个放牧季均未见草地牧草现存量对放牧强度的响应。这与很多关于放牧强度对草地生物量具有负面影响的结论不一致。本研究认为，这一结果的出现与松嫩草地特殊的草地类型及家畜的选择性采食有关。

羊草草地主要优势种植物为羊草，并且羊草、芦苇等牧草占草地现存量的比例较大，对草地现存量的维持起到非常大的作用。众所周知，动物具有强的食性选择特性。天然草地具有植物种类、植被数量特征、斑块化、植物个体营养价值的季节性等差异，草食动物通过视觉、嗅觉等器官在牧草种类、草地地形地势等方面始终进行着选择性采食。试验动物为东北细毛羊与小尾寒羊的杂交品种，根据对绵羊实际采食牧草进行了区别统计，发现在放牧季的5月、6月，绵羊采食的主要牧草为羊草，随着草地植物种类丰富，植物多样性增加，绵羊逐渐不再喜食羊草，即便羊草始终被认为是一种优良的牧草。因此，本试验中，放牧强度处理组间草地现存量差异不显著。当草地牧草现存量减去羊草剩下绵羊采食牧草部分后，对这部分采食牧草进行统计分析，结果发现，放牧强度处理对草地采食牧草产生了明显影响。2011年6月，高强度放牧（HG）处理组草地上采食牧草产量最大，中等放牧强度处理组草地上采食牧草产量最小，HG与MG处理组间采食牧草差异显著。这可能是由于草地牧草的补偿性生长以及有可供绵羊随时采食的羊草存在的结果。正如放牧优化假说所阐明的，适度放牧可以通过促进草地植物补偿性生长而达到提高草地生产力。另外，试验过程中当草地采食牧草不足以供给绵羊采食，这时绵羊可能会更多地采食羊草而降低了对除羊草以外的其他采食牧草的扰动，继而给予了这部分采食牧草生长的机会。另外，草地植物多样性可能是不容忽视的一点。

4.6.2　放牧强度对草地植物多样性的作用

由于物种多样性具有表征生物群落、生态系统的结构复杂性的作用，能够体现群落的结构类型、组织水平、发展阶段、稳定程度和生境差异等方面的特性，具有重要的生态学意义。因此，生态学家给予生物多样性极大关注。植物多样性与生态系统功能关系的研究已成为当今生态学领域的重要科学问题，草地植物多样性是生态系统功能正常发挥的关键。在全球范围内，针对物种多样性的描述问题提出了很多定量模型。Shannon-Wiener指数能够很好地对群落植物多样性进行描述。Shannon-Wiener指数不仅能够描述群落植物物种均匀度，而且与植物物种丰富度关系密切。王德利等（1996）指出，放牧对松嫩西部草地植物多样性具有显著影响，随着放牧强度的增大，植物多样性呈现先增大后减小的趋势。本放牧试验采用Shannon-Wiener指数进行放牧对草地植物多样性进行研究，结果发现，放牧强度处理降低了2011年6月和8月草地植物多样性，但是，放牧强度处理间植物多样性无明显差异。2011年7月和9月草地植物多样性未对放牧强度作出响应。2012年草地植物多样性未受放牧强度的影响。由此可见，松嫩草地放牧强度会导致干旱年份草地植物多样性降低。本次试验得到的这一结果与中度干扰假说认为的物种丰富度在中等干扰水平时最大的结论不一致。这说明，在松嫩羊草草地中度放牧干扰不能维持草地较高的植物多样性。相反放牧干扰对草地植物多样性的维持有负面作用，这与Liu等（2015）的研究结论相一致。究其原因，可能和放牧家畜的选择性采食有关。在草地放牧系统中，家畜是影响草地生态系统功能的重要决定者。家畜为了满足自身的营养需要，不断地对草地牧草进行采食。在采食过程中是不断进行选择的。影响家畜选择性采食的因素有草地环境、植物群落的空间分布格局、牧草所含营养物质、次生代谢物、毒素、气味、适口性、家畜种类、品种以及个体的偏食性等。根据已有研究发现，绵羊采食过程中，对草地杂类偏食性很强，总是不断寻找除羊草以外的杂类草进行采食。然而，杂类草在维持松嫩草地高植物多样性方面具有非常重要的作用。由此可见，以上原因可以解释草地生态系统植物多样对放牧强度的响应应该与草地的放牧历史、地域气候、草地类型、放牧家畜的选择性采食等因素联系起来。

4.6.3　休牧制度对草地现存量与植物多样性的影响

休牧是指一定时间内禁止家畜放牧的管理制度，其目的是使草牧场得以休养生息，恢复植被，是草地放牧制度在利用时间处理上的一种技术形式。2011年，各休牧处理间草地现存量无显著差异（表4-2，$P>0.05$）。2012年7—9月，草地植物现存量对休牧制度作出了响应。2012年7月，R5、R15（N-N-N，CK）草地植物现存量最小，并且与其他休牧处理组间差异显著（$P>0.05$）。这说明长时间的连续休牧并不能使草地保持最大生产力。正如放牧优化假说所阐述的，适度的放牧才有利于提高生产力。2012年8月，R17（N-N-H）处理草地现存量最小，说明春、夏连续休牧不利于草地获得高的现存量。在我国北方草地生态系统，植物的生长发育规律通常是：春季开始萌发，7—8月大多数草地植物达到生长旺季，这时草地整体生产力最高。9月以后，牧草开始往根系积累营养物质，草地整体生产力逐渐下降。因此，草地在春、夏两季进行连续休牧，就植物个体来说，秋季才开始放牧不能激发植物的补偿性生长；就草地植物群落来说，秋季才开始放牧很显然错过了大部分牧草的生长发育高峰期，造成了草地植物资源的浪费。2012年9月R2（N-M-M）、R4（M-M-N）处理草地现存量最大，R3（M-N-M）处理草地现存量最小，说明在春、秋季休牧有利于草地保持较高现存量，而春、秋重度放牧则不利于草地保持高的现存量。众所周知，春季是植物生产发育的关键时期，在这一时期，植物需要动用大量的根系存贮的养分用于返青后的快速生长。而秋季植物需要把光合作用合成的营养（葡萄糖、果糖、淀粉等）存贮到根系，以便度过严寒的冬天。只有春、秋季植物根系养分充沛，并在水热配合良好的情况下才能保证春季的快速生长，在夏季生长旺季达到草地最大的生产力。本休牧制度试验进一步证明了春、秋休牧的重要性，春、秋重牧对草地的破坏。

国外已对草地植物多样性与放牧之间的关系进行了大量的研究，但这些研究大多数都是在放牧强度梯度上对草地植物多样性的响应进行测度与分析。然而，放牧制度对草地植物多样性影响的研究更少。有学者指出，轮牧制度较自由放牧更有利于草地植物多样性的增加。也有学者指出，放牧制度与草地植物多样性无关。本休牧试验中，2011各休牧处理对草地植物Shannon-Weiner指数无显著影响（表4-3，$P>0.05$）。2012年7月开始，草地植物多样性对各休牧处理作出了响应。7月，R6（H-N-N）处理草地植物Shannon-Weiner指数最小，说明春季放牧对草地植物多样性的维持至关重要，这是因为春季是大多数植物萌发、生长的最佳季节。R5（N-N-N）处理草地植物多样性最大，R7（N-N-M）次之，可见休牧有利于草地植物保持较高多样性。

4.7　小结

（1）松嫩草地放牧系统牧草现存量年度变化较大。放牧强度对草地除羊草外的其他牧草现存量（喜食牧草）具有显著影响，放牧导致草地喜食牧草现存量降低，放牧对草地家畜喜食牧草生物量的维持具有负面影响。

（2）在松嫩草地，中度放牧干扰不能维持草地较高的植物多样性，放牧会导致干旱年份草地植物多样性的降低。

（3）在松嫩草地，长时间连续休牧不能维持草地最大生产力，适度放牧有利于提高草地生产力。

（4）春季、秋季休牧对于草地现存量、植物多样性的维持具有重要意义。

从维持草地高的现存量和植物多样性出发，松嫩草地较适宜的休牧制度是R2（N-M-M）、R4（M-M-N），采用不同季节不同放牧强度的休牧制度对草地的影响不比持续稳定放牧强度制度优越。

以上研究结果表明，中度干扰假说并不一定能够解释松嫩草地放牧系统中放牧强度与植物多样性之间的关系，而家畜选择性采食则是必须要考虑的一个因素，这是进行松嫩草地放牧系统稳定性、植物多样性等生态学热点问题研究所不能忽视的。松嫩草地植物多样性对放牧强度的积极响应，可以作为放牧草地监测的指标。

⑤ 放牧对草地土壤的影响

放牧对草地土壤物理性质有显著影响，主要影响土壤的容重和土壤的渗水能力。研究表明，放牧对草地土壤容重的影响仅限于0~10cm土层，对0~5cm土层的土壤影响尤为显著。放牧对土壤化学性质的影响研究主要集中于放牧对草地土壤有机质、土壤氮、磷、钾等元素的影响。迄今为止，放牧对草地土壤有机质含量的影响结论不统一。部分研究结果表明放牧能够增加草地土壤有机质的含量，部分研究结果表明放牧则会导致土壤有机质含量的降低，还有部分研究结果表明放牧对草地土壤有机质无显著影响。土壤氮、磷、钾是植物生长的三要素。在放牧过程中，家畜通过排泄物的形式直接影响草地土壤氮、磷、钾的含量。另外，家畜的践踏、选择性采食、排泄物的空间不均匀分布均在一定程度上影响了土壤氮、磷、钾的含量、矿化速率及空间异质性。但是，放牧对草地土壤氮、磷、钾含量的研究依然存在结论不统一的问题。例如，Haynes等（1993）研究结果表明，随着放牧强度的增加，土壤硝态氮含量显著增加，而Milcunas等（1993）的分析结果显示放牧对土壤氮含量没有产生影响。

放牧制度同样对草地土壤存在影响。完善的放牧制度能够减轻牧压对草地土壤物理性质的影响，有利于土壤物理性状的良好保持，使整个草地放牧生态系统和谐统一，良性发展。放牧制度能影响土壤结构，改变土壤呼吸。例如，自由放牧[0.449 7μmol CO_2/（$m^2 \cdot s$）]在干旱月份相对轮牧制度[0.504 7μmol CO_2/（$m^2 \cdot s$）]降低了土壤呼吸日均速率。不同的放牧制度能够导致土壤营养元素的流失。例如，自由放牧导致的土壤总磷的流失量是休牧的1.31~1.50倍，是轮牧制度的1.59~1.74倍。

通过对不同放牧强度下草地土壤养分变化的分析，明确放牧强度对草地土壤矿物营养的影响规律。同时，通过测度松嫩草地生物量、植物多样性以及土壤理化性质对休牧制度的响应情况，为松嫩草地放牧系统生态监测、健康可持续发展提供技术支持，以便为松嫩草地放牧实践提供科学依据。

5.1　试验设计

试验设计见4.1。

5.2　试验方法

5.2.1　土壤取样

采用"五点法"采集土壤样品（图5-1），供实验室进行理化性质分析。具体采集过程为：在每个Block选择5个取样点，每个取样点用4cm直径的土钻分别取0~10cm、10~20cm、20~30cm的土壤，重复3次，将取得的土壤充分混匀，带回实验室。土壤样品阴干后，过2mm孔径的筛子，去除杂物，继续用0.15mm孔径的筛子处理每个土壤样品用于测定土壤速效氮、速效磷、速效钾、全氮、全磷、全钾及土壤有机质。

图5-1　土壤取样方法及实景

Figure 5-1　Soil sampling methods and real scenes

5.2.2　各土壤指标测定方法

速效氮：蒸馏法。称取土壤样品50g，加入20%氯化钠溶液125ml，加塞震荡30min，过滤。滤液用半微量定氮蒸馏器蒸馏5min，10ml 2%硼酸溶液吸收。0.01N盐酸标准溶液滴定到终点。

速效磷：碳酸氢钠法。称取过100目筛的风干土样5.0g（精确到0.000 1g）于200ml三角瓶中，加100ml 0.5M碳酸氢钠溶液，再加少量无磷活性炭，塞紧瓶口震荡30min后立即用无磷滤纸过滤。吸取滤液10ml与50ml容量瓶中，加入5ml 7.5N硫酸钼锑抗混合显色剂，充分摇匀，蒸馏水定容。定容液用岛津201紫外可见分光光度计比色，波长为660nm。

速效钾：火焰光度法。称取过100目筛的风干土样5.0g（精确到0.000 1g）于200ml三角瓶中，加入1N硝酸50ml，在瓶口上加一小漏斗，将三角瓶放在电炉上加热，沸腾（从沸腾开始计时）10min取下，冷却后过滤，滤液定容到250ml容量瓶中。然后用Super990F型原子吸收分光计测定。

全氮：重铬酸钾—硫酸消化法。称取过60目筛的风干土壤样品0.5g，放入150ml开氏瓶中。加入浓硫酸5ml，电炉高温消煮15min，冷却后加入5ml饱和重铬酸钾水溶液，电炉低温微沸5min。完成消化后，蒸馏，用25ml 2%硼酸吸收液吸收。吸收完全后用0.02N盐酸标准溶液滴定。

全磷：钼锑抗比色法。准确称取过100目筛的风干土样2.0g（精确到0.000 1g）放入50ml消化管中。加入浓硫酸8ml，摇匀后再加高氯酸10滴。消煮炉上360℃消煮60min。消化管内容物完全转移至100ml容量瓶内定容，待测。吸取待测液5ml置于50ml容量瓶中，蒸馏水稀至30ml，加入二硝基酚指示剂2滴，再加4mol/L NaOH溶液至溶液变为黄色，再加2mol/L（1/2H$_2$SO$_4$）1滴，使溶液的黄色刚刚褪去。加入钼锑抗5ml，再加定容至50ml。用岛津201紫外可见分光光度计比色，波长为722nm。

全钾：火焰光度法。准确称取过100目筛的风干土样2.0g（精确到0.000 1g）放入50ml消化管中。加入浓硫酸8ml，摇匀后再加高氯酸10滴。消煮炉上360℃消煮60min。消化管内容物完全转移至100ml容量瓶内定容。定溶液用Super 990F型原子吸收分光计测定。

有机质：重铬酸钾法。称取土样0.6g（精确到0.000 1g）放入试管，加入5ml标准溶液（1/6重铬酸钾，0.8M）和5ml浓H$_2$SO$_4$；170～180℃油浴锅加热5min后取出冷却。将试管中内容物完全转移到250ml三角瓶中，将每个三角瓶中加两滴邻菲罗啉指示剂，后用0.2M FeSO$_4$标准液进行滴定，溶液由蓝绿刚变为砖红色停止滴定。

5.3　数据统计与分析

所有数据采用SPSS 16.0（SPSS Inc., Chicago, IL, USA）软件包进行统计分析。首先，进行观测数据的方差同质性和正态分布检验，当观测数据通过方差同质性和正态分布检验，其次，采用单因素方差分析（One-way ANOVA）方法分别检验2011年、2012年草地现存量、植物多样性、土壤容重、水分、全氮、全磷、全钾、速效氮、速效磷、速效钾、有机物在放牧强度处理组间差异。处理间的差异采用Tukey's法进行多重比较，统计检验的显著水平以$P \leq 0.05$为基准。

5.4 结果分析

5.4.1 草地土壤水分对放牧强度的响应

由图5-2可知，CK处理组草地土壤水分[（11.36±0.67）%]最大，HG处理组土壤水分含量次之，MG处理组土壤水分含量最小。但是，放牧强度处理对草地土壤水分含量的影响组间差异不显著（$P>0.05$）。

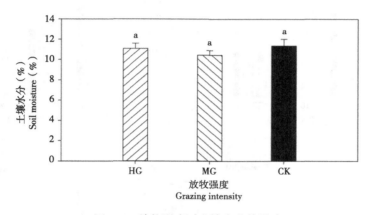

图5-2 放牧强度对土壤水分的影响

Figure 5-2 The effect of grazing intensity on the soil moisture

5.4.2 草地土壤容重对放牧强度的响应

由图5-3可知，放牧强度处理对草地土壤容重的影响组间差异不显著（$P>0.05$）。HG处理组草地土壤容重[（1.34±0.06）g/cm³]最大，MG处理组土壤容重次之，CK处理组土壤容重最小。

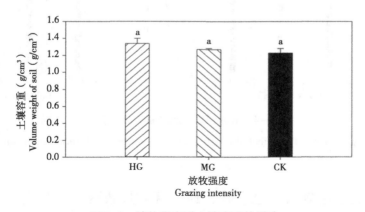

图5-3 放牧强度对土壤容重的影响

Figure 5-3 The effect of grazing intensity on the volume weight of soil

5.4.3 草地土壤全氮、全磷、全钾对放牧强度的响应

连续2年的放牧试验结果显示，放牧强度未对土壤全氮、全磷、全钾产生影响，各土层土壤全氮、全磷、全钾的组间差异不显著（图5-4，$P>0.05$）。

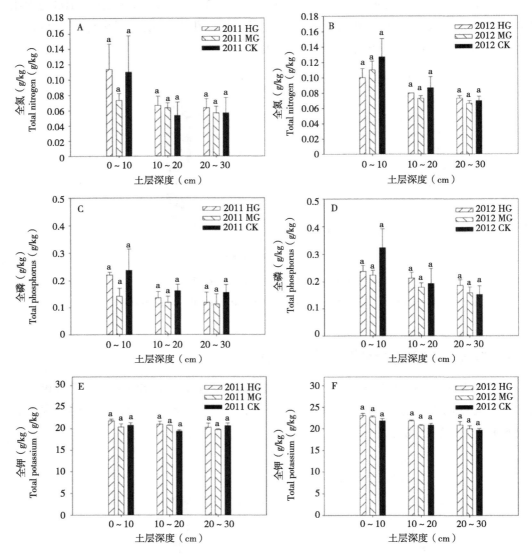

图5-4　放牧强度对土壤总养分的影响

Figure 5-4　The effect of grazing intensity on the total nutrition of soil

5.4.4 草地土壤速效氮、速效磷、速效钾对放牧强度的响应

放牧强度在一定程度上影响了土壤速效养分的含量。各土层土壤速效氮、速效钾2012年明显高于2011年，土壤速效磷2012年低于2011年（图5-5）。其中，2011年，

0～10cm土层土壤速效氮随放牧强度增大，土壤速效氮呈现降低趋势。其中，CK处理最高，MG处理组0～10cm土壤速效氮次之，HG处理组0～10cm土壤速效氮最低。CK处理组与HG处理组0～10cm土壤速效氮组间差异显著（$P<0.05$），但是，MG与HG处理0～10cm土壤速效氮组间差异不显著（$P>0.05$）。虽然10～20cm土层土壤速效氮也有随放牧强度增加而降低的趋势，但组间差异不显著（$P>0.05$）。20～30cm土层土壤速效氮含量依然是CK处理最高，且与HG、MG处理组间差异显著（$P<0.05$），MG与HG处理20～30cm土壤速效氮组间差异不显著（图5-4A，$P>0.05$）。2012年，0～10cm、10～20cm及20～30cm各土层土壤速效氮含量组间差异均不显著（图5-5B）。

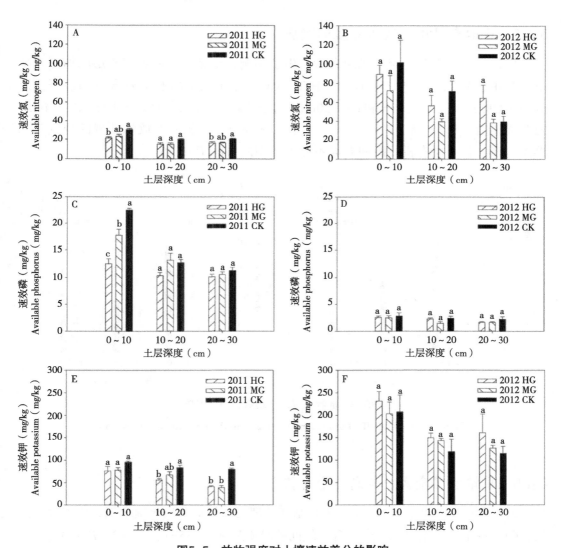

图5-5 放牧强度对土壤速效养分的影响

Figure 5-5 The effect of grazing intensity on the available nutrition of soil

2011年的试验结果显示，土层土壤速效磷含量受到放牧强度的影响，其变化趋势是随着放牧强度增大而减小。其中，0～10cm土层土壤速效磷含量随放牧强度变化尤为明显，各处理组间差异显著（图5-5C，$P<0.05$）。2012年，各土层土壤速效磷含量组间差异均不显著（图5-5D，$P>0.05$）。2011年，放牧处理组（HG、MG）各土层土壤速效钾均低于未放牧处理组（CK），且10～20cm土层土壤速效钾含量CK显著高于HG处理组，但是CK与MG组间差异不显著（$P>0.05$）。20～30cm土层土壤速效钾含量CK处理组显著高于HG和MG，CK分别与HG和MG组间差异显著（图5-5E，$P<0.05$）。2012年，各土层土壤速效钾含量呈现随放牧强度增大而增大的趋势，但组间差异均不显著（图5-5F，$P>0.05$）。

5.4.5　草地有机质对放牧强度的响应

放牧强度处理对土壤有机质含量产生了影响，土壤有机质随着土层的加深而减小。其中，2011年，放牧处理组（HG、MG）各土层土壤有机质含量均显著低于对照（CK），且0～10cm和10～20cm土层土壤有机质含量CK分别与HG、MG组间差异显著（图5-6A，$P<0.05$）。但是，这种土壤有机质对放牧处理的响应并未再次呈现，各土层有机质组间差异不显著（图5-6B，$P>0.05$）。

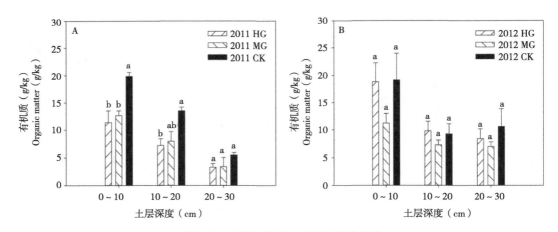

图5-6　放牧强度对土壤有机质的影响

Figure 5-6　The effect of grazing intensity on the organic matter of soil

5.4.6　草地土壤全氮、全磷、全钾特征

2011年、2012年，连续2年的休牧制度处理均未见对草地土壤全氮、全磷含量产生影响，各土层土壤全氮、全磷含量组间差异不显著（图5-7、图5-8，$P>0.05$）。

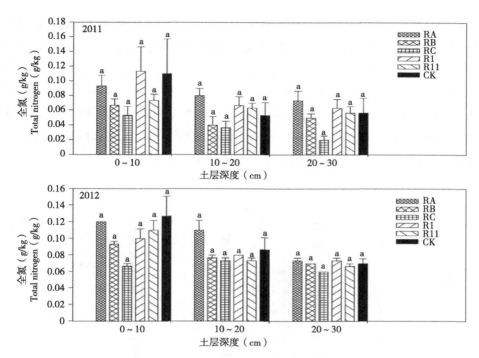

图5-7 休牧制度对土壤全氮的影响

Figure 5-7 The effect of rest grazing system on the total nitrogen of soil

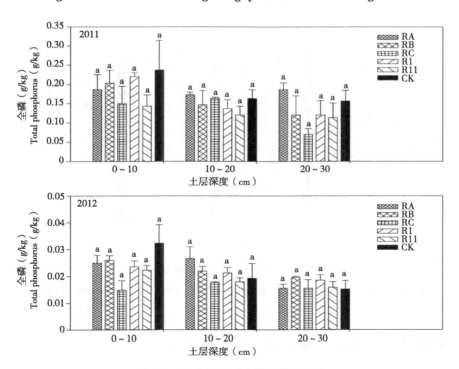

图5-8 休牧制度对土壤全磷的影响

Figure 5-8 The effect of rest grazing system on the total phosphorus of soil

2011年草地休牧结果显示，RC处理0～10cm土层土壤全钾含量最高，而且与CK处理组间差异显著（$P<0.05$），其他土层土壤全钾含量组间差异不显著（图5-9，$P>0.05$）。2012年，R1处理0～10cm土层土壤全钾含量最大，R1与RA、RB处理土壤全钾含量组间差异显著（$P<0.05$），R1处理10～20cm土层土壤全钾含量最大，R1与RA、RB、RC处理土壤全钾含量组间差异显著（$P<0.05$）。RC处理20～30cm土层土壤全钾含量最大[（2.15 ± 0.08）g/kg]，R1次之，RC与R1组间差异不显著（$P>0.05$），但RC、R1分别与RA组间差异显著（$P<0.05$）。

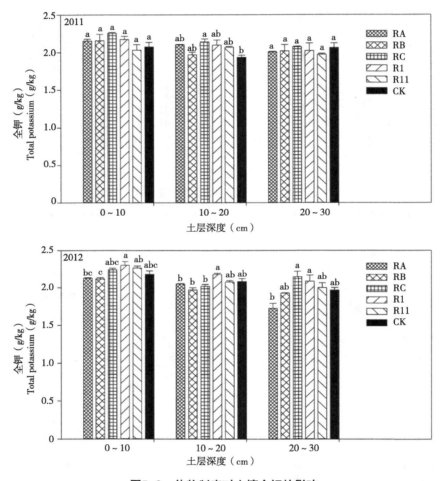

图5-9 休牧制度对土壤全钾的影响

Figure 5-9 The effect of rest grazing system on the total potassium of soil

5.4.7 草地土壤速效氮、速效磷、速效钾特征

由图5-10可知，2011年，0～10cm土层土壤速效氮含量CK处理最大，CK分别与HG、MG组间差异显著，但是，CK与RA、RB、RC组间差异不显著

（*P*>0.05）。10～20cm土层土壤速效氮含量RA最大，RA与CK组间差异不显著（*P*>0.05），RA分别与RB、RC、R1、R11组间差异显著。20～30cm土层土壤速效氮含量CK最大，且CK分别与其他各处理组间差异显著（*P*<0.05）。2012年休牧试验结果显示，RC处理组、10～20cm、20～30cm土层土壤速效氮含量分别为（38.5±1.02）mg/kg、（40.25±1.01）mg/kg、（36.75±3.03）mg/kg，均相对其他处理组小。当土层深度为0～10cm时，RC与RB组间速效氮含量差异显著（*P*<0.05）；当土层深度为10～20cm时，RC与RA组间速效氮含量差异显著（*P*<0.05）；当土层深度为20～30cm时，RC与R1组间速效氮含量差异显著（*P*<0.05）。

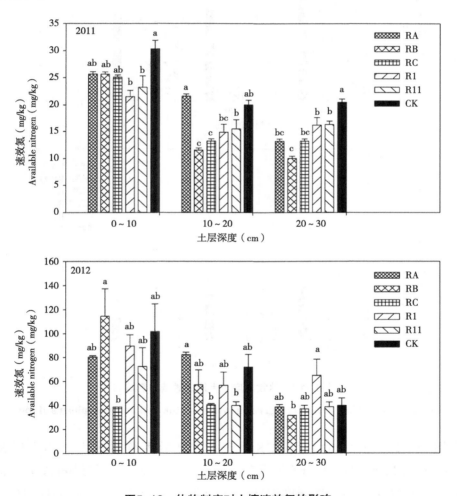

图5-10 休牧制度对土壤速效氮的影响

Figure 5-10 The effect of rest grazing system on the available nitrogen of soil

由图5-11可知，2011年，0～10cm土层土壤速效磷含量CK处理最大，CK与RA组间差异不显著（*P*>0.05），CK与RB、RC、R1、R11组间差异显著（*P*<0.05）。

10～20cm土层土壤速效磷含量组间差异不显著（$P>0.05$）。20～30cm土层土壤速效磷含量RB最小，RB与RA组间差异不显著（$P>0.05$），RB与RC、R1、R11、CK组间差异显著（$P<0.05$）。2012年休牧试验结果显示，各土层深度土壤速效磷含量组间差异均不显著（$P>0.05$）。

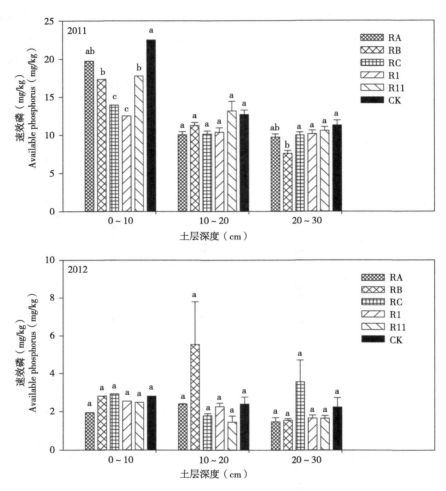

图5-11　休牧制度对土壤速效磷的影响

Figure 5-11　The effect of rest grazing system on the available phosphorus of soil

由图5-12可知，2011年，CK处理土壤速效钾含量最大，当土层深度为0～10cm时，CK分别与RA、RC组间差异显著（$P<0.05$），但与其他处理组间差异不显著（$P>0.05$）；当土层深度为10～20cm时，CK分别与RA、RB、RC、R1组间差异显著（$P<0.05$），但与R11处理组间差异不显著（$P>0.05$）；当土层深度为20～30cm时，CK分别与其他处理组间差异均显著（$P<0.05$）。2012年的休牧试验结果显示，各土层深度土壤速效钾含量组间差异均不显著（$P>0.05$）。

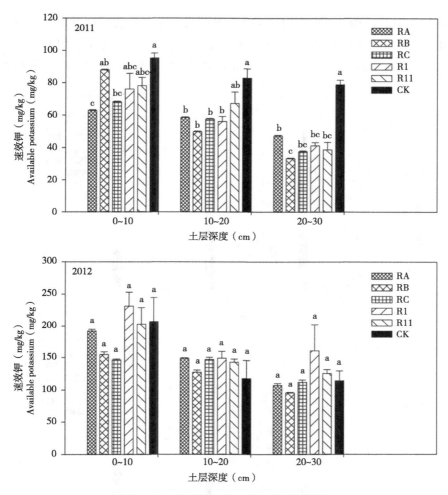

图5-12 休牧制度对土壤速效钾的影响

Figure 5-12 The effect of rest grazing system on the available potassium of soil

5.4.8 草地土有机质变化

由图5-13可知，2011年，0～10cm、10～20cm、20～30cm土层土壤有机质含量CK处理均最大，分别为（19.85±0.79）g/kg、（13.52±0.72）g/kg、（5.50±0.47）g/kg。0～10cm土层，土壤有机质含量CK处理分别与RC、HG、MG组间差异显著（$P<0.05$），但是，CK分别与RA、RB组间差异不显著（$P>0.05$）。10～20cm土层，CK与其他处理组土壤有机质含量组间差异均显著（$P<0.05$）。20～30cm土层CK处理土壤虽然最大，但是CK与其他处理组间差异不显著（$P>0.05$）。2012年，0～10cm、10～20cm、20～30cm土层土壤有机质呈现RC休牧处理最小的现象。0～10cm土层，土壤有机质含量RC分别与RA、R1、CK处理组间差异显著

（$P<0.05$），但是，RC分别与RB、R11处理组间差异不显著（$P>0.05$）。$10\sim20cm$土层，RC与RA组间差异显著（$P<0.05$），但是RC与其他处理组间差异不显著（$P>0.05$）。$20\sim30cm$土层，各处理组间土壤有机质含量差异不显著（$P>0.05$）。

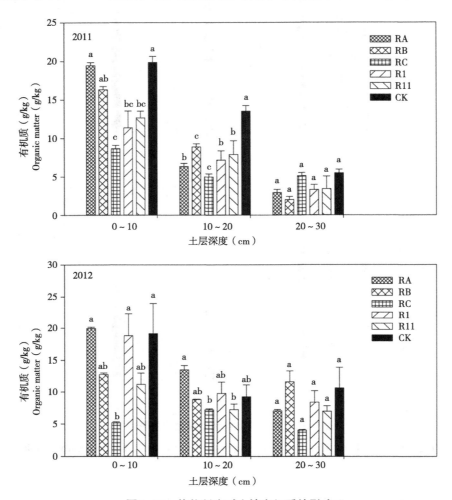

图5-13　休牧制度对土壤有机质的影响

Figure 5-13　The effect of rest grazing system on the organic matter of soil

5.5　讨论

5.5.1　放牧强度与草地土壤理化性质的关系

家畜放牧的过程实际上是家畜持续采食的动态过程。在家畜采食过程中，家畜对草地土壤最直接的影响是践踏。据计算，静止的绵羊对土壤的压力平均为$0.57\sim0.77kPa/cm^2$，这与一台未卸载的拖拉机对土壤的压力相当，并且家畜运动时对土壤的压力远大于静止状态。另外，放牧家畜通常会在草地不断行走采食，行走路程较长，一般因草地环境、水源等因素的不同，绵羊行走距为3.4~17.8km/d。随着放牧强度的持续增加，草地土壤变得更加紧实，即土壤密度增大。本试验结果显示，放牧强度对草地土壤密度无显著影响。这是由于草地植物、枯落物等有机物的数量、大小及腐烂程度均会在一定程度上抵御外界压力，避免土壤变的紧实。另外，放牧对草地土壤紧实度的影响是一个长期的过程，本放牧试验只持续了3年（2010年、2011年和2012年），因此放牧绵羊对草地的土壤密度无显著影响。但是，仅从本试验各放牧强度处理组土壤容重数据看，随着放牧强度增大，土壤有变得紧实的趋势。由此可见，长期持续重度放牧会导致土壤变的紧实。另外，草地土壤对家畜践踏的响应还依赖于土壤水分。本试验放牧处理对土壤水分的影响各处理组间差异不显著（$P>0.05$）。这说明本试验放牧强度处理未能使草地土壤变的紧实，因为在一定范围内紧实土壤有利于土壤水分的保持。

连续2年对放牧强度处理样地0~10cm、10~20cm、20~30cm土层深度的土壤全氮、全磷、全钾含量进行对比分析的结果表明，放牧强度对不同深度土壤全氮、全磷、全钾含量无显著影响（$P>0.05$）。这是由于决定土壤全氮、全磷、全钾含量最直接的因素是土壤母质，而放牧显然不能改变土壤本身。对放牧强度处理样地0~10cm、10~20cm、20~30cm土层深度的土壤速效氮、速效磷、速效钾含量对比分析的结果显示，土壤速效养分对放牧强度作出了响应。各土层土壤速效氮、速效钾2012年明显高于2011年，土壤速效磷2012年低于2011年。这说明，长期放牧会导致土壤速效磷含量降低。磷是植物体内核酸、蛋白质、ATP和含磷酶的重要组成元素，参与植物细胞的多种生理生化反应，是植物生长发育所必需的重要应用元素之一。植物缺磷会导致细胞分裂和增殖受到限制，新器官不能形成，代谢停滞，生长发育受阻。磷是植物从环境中较难活动的矿物元素，经常导致植物磷饥饿。2011年试验结果显示，高放牧强度显著降低土壤0~10cm、20~30cm土层土壤速效氮的含量，MG与HG处理土壤速效氮组间差异不显著（$P>0.05$）。这说明放牧能够降低土壤速效氮的含量。2012年各土层深度土壤速效氮含量未受放牧强度的影响。2011年对放牧强度作出了显著响应（$P<0.05$），高放牧强度显著降低了0~10cm土层深度土壤速效磷含量，而10~20cm、20~30cm土层深度土壤速效磷含量未对放牧强度作出响应。这说明表层土壤速效磷对放牧强度最为敏感。但是，2012年各土层土壤速效磷含量均未受放牧强度的影响，处理间差异不显著（$P>0.05$）。这可能是由于家畜排泄物中氮、磷以及草地植物枯落物的分解产生的磷的回归土壤导致了2012年土壤速效磷处理间无差异（$P>0.05$）。2011年0~10cm土层土壤速效钾处理间差异不显著（$P>0.05$），但是，HG处理显著降低了10~20cm、20~30cm土层土壤速效钾的含量。由此可见，放牧强度对土壤速效钾的影响并不是在土壤表层，而是草地土壤的深层。这与认为放牧仅影响土壤表层的观点不一致，但引起这一结果的原因尚不清楚，还需进一步研究。

放牧强度处理对土壤有机质的含量产生影响。2011年，放牧显著降低了0～10cm土层土壤有机质含量。这是因为土壤有机质主要来自植被通过光合作用积累的有机碳。放牧家畜的采食使植物叶面积减少，光合作用减弱，草地植物积累有机物的能力下降。2011年，10～20cm土层土壤有机质含量仅对HG处理组作出了显著响应（$P<0.05$），20～30cm土层土壤有机质含量处理间差异不显著。这说明放牧强度对土壤有机质含量的影响随着土层深度增加而减弱。

5.5.2 放牧对草地土壤理化性质的影响

本试验重点研究了RA（N-H-M）、RB（H-H-M）、RC（N-M-H）、R1（M-M-M）、R11（H-H-H）5种休牧制度对土壤理化性质的影响。连续2年的休牧制度处理均未见对草地土壤全氮、全磷含量产生影响，各土层土壤全氮、全磷含量组间差异不显著（$P>0.05$）。由此可见，休牧制度对草地土壤全氮、全磷含量无影响。2011年、2012年土壤全钾均对放牧制度作出了响应。2011年，RC（N-M-H）处理10～20cm土层土壤全钾含量最高，且RC与CK处理土壤全钾含量组间差异显著（$P<0.05$）；这说明春季休牧，夏季中度放牧以及秋季重度放牧的休牧制度能够提高土壤全钾的含量。2012年，R1（M-M-M）处理0～10cm土层土壤全钾含量最大，分别与RA（N-H-M）、RB（H-H-M）处理组间差异显著（$P<0.05$）；R1（M-M-M）处理10～20cm土层土壤全钾含量最大，分别与RA（N-H-M）、RB（H-H-M）、RC（N-M-H）处理组间差异显著（$P<0.05$）；20～30cm土层土壤全钾含量R1（M-M-M）与RA（N-H-M）处理组间差异显著。通过以上结果可以发现，持续高强度放牧[R1（M-M-M）]较季节动态牧压或休牧更有利于土壤全钾含量的维持。

休牧制度对土壤速效氮有明显的影响。2011年，5种休牧制度在一定程度降低了土壤速效氮的含量。0～10cm土层土壤全氮含量R1（M-M-M）、R11（H-H-H）处理显著低于CK（$P<0.05$）。这说明持续稳定放牧压能够显著降低表层土壤速效氮的含量；10～20cm土层土壤全氮含量RB（H-H-M）、RC（N-M-H）处理显著低于CK（$P<0.05$）。这说明季节动态放牧压或休牧能够显著降低中层土壤土速效氮的含量；20～30cm土层土壤全氮含量5种休牧制度处理均显著低于CK（$P<0.05$）。这说明休牧制度能够影响深层土壤速效氮的含量。但是，2012年各土层土壤速效氮含量的变化与2011年的结果不一致。2011年，0～10cm土层土壤速效磷对放牧制度作出了响应，RB（H-H-M）、RC（N-M-H）、R1（M-M-M）、R11（H-H-H）显著低于CK。由此可见，草地表层土壤速效磷含量对休牧制度敏感。2012年，各土层土壤速效磷均未对休牧制度作出响应。2011年，休牧处理各土层土壤速效钾含量均小于对照，并且0～10cm土层RA（N-H-M）、RC（N-M-H）与CK组间差异显著

（P<0.05）；10～20cm土层RA（N-H-M）、RB（H-H-M）、RC（N-M-H）、R1（H-H-H）分别与CK组间差异显著（P<0.05）；20～30cm土层各休牧处理土壤速效钾含量均与CK组间差异显著。2012年，各土层土壤速效钾含量组间差异不显著（P>0.05）。由2年休牧处理对土壤有机质的影响可以看出，休牧制度对0～20cm土层土壤有机物含量影响明显，这主要是由于草地植物根系主要位于土壤表层。

根据2年的休牧制度对土壤速效养分影响的试验结果可知，影响土壤速效养分含量的因素非常复杂，并非单一因素调控土壤速效氮的含量。影响放牧草地土壤矿物循环的因素有土壤动物种类及数量。研究发现，土壤动物（蚯蚓、线虫）通过对土壤细菌的取食间接并且强烈的影响着土壤氮素的矿化和转化过程。草地生态系统中土壤微生物在维持矿物元素循环中起着整体的作用，微生物量、种类、结构及功能等的季节变异决定着土壤矿物元素的矿化效率。在草地放牧系统中，放牧家畜对草地植物的采食、践踏以及排泄物中矿物元素的回归土壤，或对土壤生物的影响而导致整个草地生态系统物质循环发生变化。过度放牧使得土壤氮素矿化速率下降，过度放牧还导致了草地掉落物、植物根际氮浓度的下降。综上所述，影响土壤矿物质含量的因素与气候环境、土壤类型、土壤水分、土壤酸碱度、土壤生物、家畜粪尿以及凋落外源氮等诸多因素有关，是一个极其复杂的过程。

5.6 小结

（1）草地土壤中速效N、P、K以及土壤有机质对放牧强度的积极响应，可以作为放牧草地监测的指标。这对确定松嫩草地适宜放牧强度、适宜的休牧制度至关重要。

（2）休牧制度对草地土壤全氮、全磷含量无影响，持续高强度放牧（R1（M-M-M））较季节动态放牧强度或休牧更有利于土壤全钾含量的维持。

（3）持续稳定的放牧强度能够显著降低表层土壤速效氮的含量，季节动态放牧压或休牧能够显著降低中层土壤速效氮的含量。草地表层土壤速效磷、速效钾含量对休牧制度敏感，休牧制度不能增加土壤速效磷、速效钾的含量。0～20cm土层土壤有机物含量对休牧制度响应积极。

⑥ 放牧家畜行为研究

　　草食动物的采食行为与过程极为复杂。动物可依据自身的视觉、嗅觉等对草地地形地势、植被特征（草地植物数量、品质）作出判断，并进行选择性采食。由于草地生态系统植物在组织、植物个体、种群、植物群落、景观、区域等不同尺度存在时空差异，所以导致草食家畜的选择性采食存在采食等级的差异。通常，在进行草食家畜采食行为研究时，划定草食家畜采食等级。例如，在植物个体水平上研究家畜采食对植物个体的影响。然而，草食家畜对草地斑块具有明显的选择性。例如，高度较高、植物密度较高且喜食牧草比例较高的斑块是绵羊倾向选择的斑块。限于研究方法的限制，很难在景观尺度上进行家畜采食行为的研究。全球定位系统（GPS）正越来越多地用于监测动物活动。例如，Swain等（2008）利用GPS进行了奶牛采食行为的研究，探索了奶牛在斑块尺度上的采食特征。因此，利用GPS等技术进行家畜采食行为研究，将为更准确地刻画草食家畜在不同尺度上采食行为的相互交织相互影响的连续的、动态的整体过程，更加深入地揭示草食家畜的采食策略等基本理论问题成为可能。

　　草地放牧系统是人们生存、生产的重要的畜牧业生产基地。实践证明，过度放牧导致草地生态系统退化、生物多样性丧失等诸多生态、生产问题。放牧优化假说指出，适度放牧可以通过促进草地植物补偿性生长而达到提高草地生产力的目的，理论研究已证实了这一假说。轻度放牧会导致草地利用不足，造成资源浪费，经济效益下降。这就要求在草地放牧系统生产实践过程中对草地进行合理利用。对放牧系统草地进行合理利用的本质是家畜对草地利用率的问题。

　　草地利用率是草食动物（家畜、野生动物、昆虫等）对草地生产力的利用量占当年草地产量的比率。草地生产力通常指单一植物或多种植物（经济类群）或全部植物（地上生物量）。在草地放牧系统，草地生产力通常指可食牧草。由于目的不同，不同学者给予草地利用率不同的定义。Parke等认为草地利用率应该是不会导致草地优良牧草减少，避免土壤因放牧导致侵蚀的放牧强度。草地安全利用率是在不导致草地退化的情况下草地放牧家畜采食的最大比率。为了实现维持或提高草地生产能力的管理目标，草地牧草当年生长量的利用程度。由于草地所处地理位置、气候环境、地形地势、放牧历史、家畜品种、水源地等条件的差异，不同草地利用率差异较大。例如，传统认为，草地适宜的利用率应当是"吃一半，留一半"。美国林业服务机构首次提出草地安全利用率应当是15%~20%。干旱、半干旱地区草地适宜的利用率为35%。我国学者认为草地的利用率应当为牧草总量的50%~70%，一般以50%作为草地牧草的利用率。而杨智明等（2010）认为，从生态、生产等多方面考虑，宁夏滩羊放牧系统草地适宜利用率为10%~15%。然而，低的草地利用率会影响牧民收入，这是牧民所不愿意接受的。

当前，确定草地利用率的方法不统一，可以根据草地牧草高度和重量的关系确定草地利用率——植被高度—重量法，也可以根据对草地面积的利用确定草地利用率。这类根据放牧试验及刈割试验结果确定草地利用率的方法存在耗费时间长、成本高的特点。另一类确定草地利用率的方法是经验估计，即依据传统的草地适宜的利用率应当是"吃一半，留一半"，然后在此基础上根据降水的变化适当调整。由于草地利用率概念的不确定以及确定草地利用方法的不统一，导致了草地利用率在应用上的争议。争议主要是采用草地年产量、季节产量还是草地现存量。家畜利用部分是指家畜采食部分还是应包括家畜践踏、脱落部分。另外，草地植物再生部分往往被忽略了。利用率计算的统计时间也是争议的焦点之一。通常草地利用率计算周期是12个月。然而，很多研究计算得到的草地利用率是季节放牧的结果，但应称为季节利用率。而且，研究计算的草地利用率是基于小区试验的结果，未考虑草地异质性、家畜采食分布不均匀等放牧实际情况，这是现有确定草地利用率的不足之处。

草地利用率的确定是草地载畜量确定的关键，是草地可持续利用的核心。本试验从松嫩草地实际出发，进行松嫩草地放牧系统草地利用率的研究，期望为松嫩草地放牧系统生产实践提供实证数据及理论支持。

6.1　试验设计

本试验采用单因素完全随机试验设计。研究放牧强度对草地植被的影响及放牧强度处理下家畜行为特征的差异性。

放牧强度设两个处理，HG（6只/hm²）、MG（4只/hm²）。HG处理所用到的是面积为100m×100m的围栏（Block1、Block4、Block9）；MG处理所用到的是面积为100m×100m的围栏（Block2、Block8、Block10）（彩图6-1）。

6.2 试验方法

6.2.1 动物选择

选取健康无病的2龄母羊，体重相近，对其进行编号、药浴（磷氮乳油）和驱虫（丙硫咪唑），随机分组，进行草地围栏放牧。定期进行试验羊体重测定，同时，记录其健康状况，繁殖性能等指标。

6.2.2 行为观测

放牧开始时间为2010年5月1日、2011年5月1日、2012年5月1日，结束放牧时间为2010年10月1日、2011年10月1日、2012年10月1日，试验持续150d。依据当地牧民放牧习惯出牧、收牧，即早5：00至下午6：00，围栏内设置自由饮水装置。

每月初连续7d用GPS记录绵羊5：00—16：00的采食轨迹。具体方法为：绵羊佩戴GPS、行为记录仪进入围栏。同时，采用跟踪观测法，记录绵羊采食植物种类及采食口数。然后用人工模拟的方法，进行牧草取样，测定口食量，并进行同期牧草养分分析（图6-1）。

图6-1 绵羊采食量与采食行为监测

Figure 6-1 The monitor of feed intake and feed behaviour of sheep

6.2.3 样地植被分类

采用Arcgis 10.0中Spatial analyst tool-Multivariate-Iso Cluster模块，并结合草地植物群落特征（监督分类），对2011年6月研究样地的spot 5高精度（空间分辨率为2.5m）遥感影像进行草地分类。共分为9个植物小群落，分别为：①羊草+全叶马兰。②羊草。③萎陵菜+女菀+羊草。④羊草+草木樨状黄芪。⑤全叶马兰+羊草。

⑥羊草+芦苇。⑦羊草+狗尾草。⑧虎尾草+芦苇。⑨三棱藨草+全叶马兰+羊草。

6.2.4　绵羊采食轨迹空间分析

首先，利用Arcgis 10.0对草地植物群落与绵羊采食轨迹进行叠加。其次，利用Arcgis 10.0中空间统计工具中的分析模式——平均最近的相邻要素模块进行绵羊空间采食特征分析。最后，利用Arcgis 10.0中空间统计工具中的分析模式——平均最近的相邻要素模块对绵羊采食轨迹的空间方向分布进行分析。

6.3　指标测定

6.3.1　植物地上生物量

植株齐地剪取，105℃鼓风烘燥1h，然后65℃烘干至恒重，实验室充分回潮测其风干重并记录数据。

6.3.2　绵羊采食量

采用跟踪观测法，记录绵羊采食植物单口采食量（W）、采食速率（IR）、采食时间（T）。

采食量的计算公式：$I=IR \times W \times T$

式中：I为采食量；IR为采食速度；W为单口采食量；T为全天采食时间。

6.4　数据统计与分析

所有数据采用SPSS 16.0软件包进行统计分析。首先，进行观测数据的方差同质性和正态分布检验，当观测数据通过方差同质性和正态分布检验，接着采用单因素方差分析（one-way ANOVA）进行处理显著性分析，处理间的差异采用Duncan's法进行多重比较，统计检验的显著水平以$P \leqslant 0.05$为基准。采用Arcgis 10.0的Spatial analyst tools对遥感影像进行草地植物群落分类，并采用Arcgis 10.0的Spatial statistics tools对绵羊采食的空间分布特征进行分析。

6.5　结果分析

6.5.1　草地植物群落空间分布与绵羊采食轨迹特征

由彩图6-2A可知，试验样地不同Block中植物群落空间分布差异较大，Block1、

Block2、Block4中微地形变化明显。例如，蓝色区域地势较低，植物种类丰富，主要植物是萎陵菜、女菀、羊草等。Block8、Block9、Block10中微地形变化不明显，植物分布比较均匀，主要植物群落为羊草、羊草+全叶马兰等。

由彩图6-2B可以看出，绵羊采食轨迹与草地植物小群落的空间分布密切相关。绵羊采食主要集中在羊草+全叶马兰、萎陵菜+女菀+羊草、羊草+草木樨状黄芪等植物群落。

采用Arcgis10.0对绵羊采食轨迹进行空间统计分析，平均最近的相邻要素分析模式结果中，如果z得分为0时，此聚类格局可能是随机产生的结果。HG处理组，绵羊采食轨迹空间分布模式的平均最近的相邻要素计算结果z得分分别为−37.74、−35.75、−65.82。MG处理组，绵羊采食轨迹空间分布模式的平均最近的相邻要素计算结果z得分分别为−87.04、−73.00、−115.56。HG、MG处理z得分均为负数，远离0点，这说明绵羊采食轨迹空间分布模式为聚类型（彩图6-3）。即绵羊采食轨迹的空间分布特征为聚类模式。

对绵羊采食轨迹的空间分布方向特征进行分析，结果表明绵羊采食轨迹的空间分布具有方向性。其中，Block1、Block2、Block9、Block10中绵羊采食轨迹空间分布方向均趋向于这4个围栏的焦点。Block4和Block8中绵羊采食轨迹空间分布方向均趋向于这2个围栏的焦点（彩图6-4）。

6.5.2　不同放牧强度下绵羊对草地空间的利用特征

图6-2A、图6-2B是放牧强度处理下，绵羊在放牧过程中对草地特定区域重复访问的结果。轻度放牧（4只/hm²）绵羊重复访问特定区域呈现单峰曲线规律，重度放牧（6只/hm²）时，绵羊重复访问特定区域呈现明显双峰曲线规律。这说明，绵羊在采食过程中由于优质牧草的减少，迫使绵羊不断搜索草地中不宜发现的优质牧草集聚区，即特定植物群落。

绵羊对草地的空间利用面积逐渐增大（图6-3）。HG处理，绵羊在整个放牧季采食面积整体呈现明显逐渐增大趋势。然而，MG处理，绵羊在放牧季采食面积呈现先减少后增大的趋势，这是由于中等放牧强度处理，草地特定区域优质牧草能够较好保障绵羊的采食需求，因而采食效率高，采食面积小。到放牧季末期（10月），放牧强度处理对绵羊采食面积无影响，组间差异不显著（$P>0.05$）。

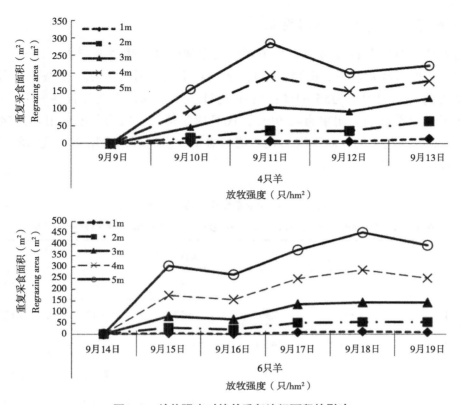

图6-2　放牧强度对绵羊重复访问面积的影响

Figure 6-2　The effect of grazing intensity on the regrazing area

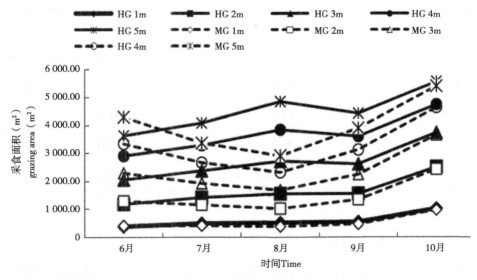

图6-3　放牧强度对绵羊采食面积的影响

Figure 6-3　The effect of grazing intensity on the grazing area of sheep

6.5.3 绵羊对草地空间的利用率

随着放牧时间的持续进行，绵羊对草地空间的利用率逐渐增大。以5m统计结果为例，重度放牧强度下，6月绵羊每天平均对草地的利用率为36.29%，10月绵羊每天平均的草地利用率为55.61%；以5m统计结果为例，中度放牧强度下，6月绵羊每天平均对草地的利用率为42.99%，10月绵羊每天平均的草地利用率为54.24%（表6-1）。由此可见，高强度放牧下绵羊对草地空间利用率增大，且绵羊对草地空间的利用具有局部性的特征。

表6-1 每天绵羊对草地空间的利用率（%）

Table 6-1 The spacial utilization rate of grassland by sheep in everyday（%）

半径（m）	重度放牧（HG）				
	6	7	8	9	10
1	3.85	4.99	5.23	5.49	10.10
2	11.90	14.13	15.54	15.65	25.02
3	20.71	23.83	27.25	26.21	37.48
4	29.00	32.93	38.48	35.92	47.48
5	36.29	40.91	48.51	44.26	55.61

半径（m）	中度放牧（MG）				
	6	7	8	9	10
1	4.06	4.05	3.77	4.64	9.70
2	12.89	11.44	10.19	13.31	24.30
3	23.08	19.27	16.94	22.47	36.51
4	33.36	26.72	23.33	31.16	46.36
5	42.99	33.57	29.16	39.06	54.24

6.5.4 绵羊对牧草的利用率

不同放牧强度下绵羊采食量呈现上升趋势，9月绵羊采食量最大。草地牧草现存量与绵羊采食量之间差距很大，牧草现存量大于绵羊对牧草的需求（图6-4）。

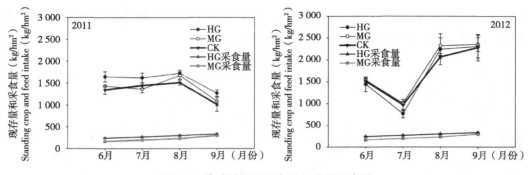

图6-4　草地的植物现存量与绵羊采食量

Figure 6-4　The dynamics of standing crop of grassland

根据试验数据统计结果，2011年9月，HG和MG处理，绵羊对草地牧草现存量的最大利用率分别为25.91%、26.97%。2012年7月，HG和MG处理，绵羊对草地牧草现存量的最大利用率分别为25.26%、26.42%（表6-2）。从绵羊对草地牧草现存量的利用率看，草地远未达到传统认为适宜的草地利用率"吃一半留一半"的水平，即放牧过轻。

表6-2　草地的牧草利用率

Table 6-2　The herbage utilization rate of grassland

月份	牧草现存量利用率（%）				喜食牧草利用率（%）			
	2011		2012		2011		2012	
	HG	MG	HG	MG	HG	MG	HG	MG
6	14.50	11.49	11.42	15.55	50.96	56.07	112.94	130.58
7	16.39	14.24	25.26	26.42	39.42	33.81	89.02	128.78
8	17.27	13.67	10.03	12.16	41.37	35.57	23.39	22.27
9	25.91	26.97	14.60	12.54	164.46	214.42	47.77	60.25

然而，在实际跟踪研究过程中发现，自6月以后，绵羊很少采食羊草、芦苇等牧草，即便绵羊平均日增重下降，甚至发现个别绵羊体况较差。经过跟踪观察发现，供试绵羊因选择性采食而花费大量时间搜寻全叶马兰（*K. integrtifolia*）、苣荬菜（*S. brachyotus*）等喜食牧草而极少或拒绝采食羊草这一通常被认为是优质的牧草。由此，在进行草地牧草利用率计算时不统计羊草的现存量。统计结果表明，中度、重度放牧强度下草地上绵羊喜食牧草现存量仅在7月和8月有部分盈余（图6-5）。并且，在2011年9月，HG和MG处理，绵羊对喜食牧草的利用率分别

达到了164.46%和214.42%。2012年6月，HG和MG处理，绵羊对喜食牧草的利用率最高，分别为112.94%和130.58%（表6-2）。

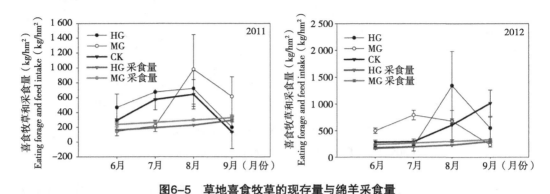

图6-5　草地喜食牧草的现存量与绵羊采食量

Figure 6-5　The standing crop of eating grass of grassland and feed intake of sheep

由此可见，绵羊对喜食牧草的利用率远大于传统认为适宜的草地利用率"吃一半留一半"的水平，即放牧过重，草地严重超载。2012年9月，HG和MG处理，绵羊对喜食牧草的利用率最低，分别为47.77%和60.25%，绵羊对喜食牧草的利用率接近传统认为适宜的草地利用率"吃一半留一半"的水平。

6.6　讨论

6.6.1　绵羊对草地空间的利用特征

草地植物群落在空间分布上呈现异质性，具体表现为植物群落分布呈现斑块状分布。对本试验样地的遥感影像进行分析，可以明显看出，草地植物群落斑块状分布特征明显（彩图6-2A）。草地植物是放牧家畜食物的唯一来源，为了适应草地植物群落空间分布的异质性，放牧家畜必然会在不同斑块中觅食。家畜采食成本与收益理论认为，家畜在草地上不同斑块采食的时间依赖于斑块间的收益与消耗，当消耗大于收益，家畜就会从一个斑块转移到另一个斑块。家畜采食偏食理论认为，家畜对某些植物具有偏食性，家畜采食的过程就是不断对偏食植物的觅食过程。本试验研究发现，绵羊更多地停留在萎陵菜+女菀+羊草等植物群落进行采食。这是由于在这些植物群落，植物种类丰富，有绵羊喜食的萎陵菜、女菀等牧草。因此，绵羊在喜食牧草聚集的斑块停留时间长。本试验对绵羊采食轨迹的空间分布特征的研究结果表明，绵羊采食轨迹的空间分布特征为聚类模式（彩图6-3）。绵羊在喜食牧草聚集分布的斑块采食时间更长。

绵羊采食轨迹的空间分布方向特征分析的结果表明，绵羊采食轨迹的空间分布具有方向性。Block1、Block2、Block9、Block10中绵羊采食轨迹空间分布方向均趋向于这4个围栏的焦点。Block4和Block8中绵羊采食轨迹空间分布方向均趋向于这2个围栏的焦点（彩图6-4）。这可以归结为动物之间的社群互助行为。绵羊是群居动物，当采食结束后，个体之间会尽可能的靠近，以便互相遮阴、抵御蚊虫叮咬甚至其他威胁。Block1、Block2、Block9、Block10虽然有围栏相隔，但这4个Block之间相对距离最近。因此，围栏焦点是绵羊采食轨迹空间分布的焦点。

有研究表明，绵羊能够记住采食过的植物斑块的位置，尤其是在植物斑块状分布明显、斑块数量较少的草地上。本试验分析了绵羊对草地同一斑块的重复访问情况，结果发现，绵羊对草地上同一植物群落存在重复访问的现象，并且随着放牧时间延长，重复访问的面积逐渐增大。这是由于绵羊在不断采食过程中，对喜食牧草聚集的植物斑块有了记忆。这充分证明了家畜在采食过程中能够利用视觉、空间记忆提高采食效率。另外，放牧强度对绵羊重复访问特定植物群落存在显著影响，放牧强度增大，绵羊重复访问特定的植物群落所在的斑块越多。这是因为放牧强度增大，绵羊在采食过程中由于优质牧草的减少，迫使绵羊不断搜索草地中不宜发现的优质牧草聚集斑块。

连续5个月的放牧试验结果表明，绵羊对草地空间的利用面积不断增大，即绵羊对草地空间的利用是拓展式利用模式，不同放牧强度，绵羊对草地的拓展利用模式不同。中等放牧强度下，绵羊对草地空间的拓展模式是先降低后增大；强度放牧下，绵羊对草地空间的拓展模式逐渐增大。绵羊对草地空间的拓展模式归结于喜食牧草的数量和质量。在中等放牧强度下，草地特定植物群落中优质牧草能够较好地保障绵羊的采食需求，因而采食效率高，采食面积小。强度放牧下，草地特定植物群落中优质牧草不能满足绵羊采食需求，因此，绵羊会不断拓展采食空间，发现新的优质牧草集中分布斑块并采食。另外，随着放牧时间的持续进行，绵羊对草地空间的利用率逐渐增大，且绵羊对草地空间的利用具有局部性特征。10月，HG和MG处理，绵羊每天平均的草地空间利用率分别为55.61%和54.24%。

6.6.2　绵羊对草地的利用率

在草地放牧系统中，家畜对草地的利用率至关重要。草地安全利用率是不导致草地退化的情况下草地放牧家畜采食的最大比率。本试验采用传统计算草地利用率的方法，即基于绵羊采食量与草地牧草现存量进行草地利用率计算，结果为2011年9月，HG和MG处理，绵羊对草地牧草现存量的最大利用率分别为25.91%、26.97%。2012年7月，HG和MG处理，绵羊对草地牧草现存量的最大利用率分别为25.26%、26.42%（表6-2）。这一草地利用率显著低于我国学者认为的草地的利用率应当为牧草总量的50%～70%，一般为50%。但与美国林业服务机构提出的15%～20%的草地安全利用率接近，高于杨智明等（2010）基于生态、生产等多方面因素提出的宁夏滩羊放牧系统10%～15%的草地利用率。

当考虑绵羊选择采食的问题时，即只统计绵羊喜食牧草的利用率。试验结果表明，中度、重度放牧强度下草地上绵羊喜食牧草现存量仅在7月和8月有部分盈余（图6-5）。并且，在2011年9月，HG和MG处理，绵羊对喜食牧草的利用率分别达到了164.46%和214.42%。2012年6月，HG和MG处理，绵羊对喜食牧草的利用率最高，分别为112.94%和130.58%（表6-2）。这些草地利用率的数据远高于已提出的草地适宜利用率。这与松嫩草地优势种植物羊草的营养学、植物学特征的特殊性有关。羊草是一种优质干草，是冬季家畜重要的粗饲料来源。但是，放牧绵羊在7月和8月很少采食羊草，即便绵羊喜食牧草不足，绵羊也会通过增加采食成本来觅食喜食牧草。由此可见，在松嫩草地放牧系统，家畜的选择性采食在确定草地适宜利用率时不容忽视。

6.7　小结

绵羊采食行为特征与草地利用率研究的主要结果如下。

（1）绵羊采食轨迹的空间分布特征与草地植物群落斑块状分布密切相关，绵羊采食轨迹的空间分布特征为聚类模式。

（2）绵羊采食轨迹的空间分布具有方向性。

（3）绵羊对草地上同一植物群落存在重复访问的现象，并且随着放牧时间的延长，重复访问的面积逐渐增大。放牧强度对绵羊重复访问特定植物群落存在显著影响，放牧强度增大，绵羊重复访问特定的植物群落所在的斑块越多。

（4）绵羊对草地空间的利用是拓展式利用模式，且不同放牧强度，绵羊对草地的拓展利用模式不同。中等放牧强度下，绵羊对草地空间的拓展模式是先降低后增大；强度放牧下，绵羊对草地空间的拓展模式是逐渐增大。随着放牧时间的持续进行，绵羊对草地空间的利用率逐渐增大，且绵羊对草地空间的利用具有局部性的特征。

因此，在松嫩羊草草地放牧系统，草地适宜利用率的确定应该充分考虑家畜选择性采食。在确定松嫩羊草草地适宜利用率时，应该依据家畜喜食牧草的数量进行核算。

⑦ 放牧对家畜的影响

生态系统中，动物消费者的营养是生态过程的重要调节器。由于动物消费者的营养影响着它们的生理、生活史和行为。例如，营养不足将会改变消费者的生产性能（生长）、采食行为（采食频率、采食策略等）以及消费者在生物网中的物种生态互动遗传性。例如，低质营养会减缓水生动物生长，延缓它们的繁殖，甚至改变其后代的生存能力，死亡率增加。草地放牧系统具有系统的特性，同时具有生产与生态功能，并且更突出系统生产的目的性。放牧家畜营养状况的好坏直接决定着草地放牧系统的生产能力。如何评价草地放牧系统家畜营养状况就显得非常重要。

草食动物营养状况的评价方法为提供给草食动物足量食物中的营养物质组分是否和消费者体组织相应成分的一致性；或者对食物中元素与消费者体内元素的同化比率、代谢损失相比较；或者通过测度不同营养含量下的消费者生长、繁殖状况以评价消费者的营养状况；或者寄希望于科学技术的发展，将来采用基因表达、基因转录与监测、蛋白质组成与活性、代谢分析、血脂分析、生物分子含量、生理过程等技术领域评价放牧动物的营养状况的方法。虽然，这些方法在一定程度上侧重学科的某一方面。例如，基于饲养条件，提出了家畜饲养标准。当前，我国现行的家畜饲养标准是2004年由原农业部（现农业农村部）制定的一系列农业行业标准。这些标准主要针对猪、鸡、肉牛、奶牛、肉羊等，有些畜种尚无饲养标准，与国外有明显差距。例如，美国NRC、澳大利亚CSIRO等所制定的家畜饲养标准远远领先于我国。与单胃动物饲养标准研究相比，国内外反刍动物饲养标准研究相对滞后。这与反刍动物特殊的生理结构有关。反刍动物饲养标准不仅要考虑饲料种类、动物本身，还必须考虑反刍动物瘤胃发酵的复杂过程。因此，准确评价反刍动物营养需要就显得尤为困难。随着人类对反刍动物产品需求的不断增加，反刍动物营养研究就显得更加重要。羊作为世界养殖最为广泛的反刍家畜，饲养标准相对落后。我国羊的饲养标准不仅落后于发达国家，而且落后于其他畜种，还未形成我国的羊营养需要标准体系。放牧羊营养需要标准体系还是空白，亟需建立。

放牧家畜行为学研究注重放牧家畜行为研究，指出家畜的食性结构与选择性采食对家畜营养摄入具有重要影响。但是，这些方法对开展放牧家畜营养状况评价提供了一定参考依据。显然，饲养条件获得的家畜营养状况评价方法与放牧家畜采食行为生态学的结合，可以为当前放牧家畜营养状况评价提供一定技术支撑。影响放牧家畜营养的因素众多，例如，随着植物不断成熟，*Lolium rigidum*叶片中粗蛋白含量由220g/kg降到130g/kg，植物成熟度越高，植物营养越低。温度和光照等环境因子的变化总是直接或间接影响牧草营养。可见，植物的成熟程度、环境等通过影响牧草营养而间接影响着放牧家畜营养。另外，放牧管理对草地植物营养具有显著影响，高强度放牧导致草地禾本科等优良牧草的比例降低，杂草的比例升高，提供给家畜的牧草质量下降。但是，放牧家畜营养状况的研究较为少见。松嫩草地放牧绵羊营养状况评价的研究未见报道。放牧家畜营养状况研究的缺失，直接制约着放牧家畜饲养标准的制定。

本研究开展松嫩草地绵羊营养平衡研究，试图揭示松嫩草地放牧绵羊营养规律，为放牧绵羊营养需要标准体系的建立、绵羊的科学饲养与管理提供技术支撑。

7.1 试验设计

放牧试验设计见4.1。

7.2 试验方法

放牧家畜管理见4.2。

7.3 指标测定

样品采集：首先，鲜样获得是选择在整个放牧期间，模拟家畜室外采食牧草，选择放牧期间全程跟踪采食路线，采用配对法分别对放牧前与放牧后取样，用剪刀齐高割下家畜采食饲草的高度，以及齐地割下饲草全株，带回实验室于70℃烘干至恒重。

总能（GE）测定：将鲜样烘干后研磨至可制颗粒状态，通过Parr-6400全自动氧弹式量热仪测得植株单个能量值。以期获得以下数据：①家畜采食的单个饲草植株采食量占总饲草采食量的采食率。②两种采食高度饲草植株的能量值。由采食率和能量值做两种高度饲草摄入能量的对比分析。

粗饲料体外消化率（IVDMD）：采用两阶段法测定。

代谢能（ME）：依据下式计算。

ME（MJ/kg DM）=GE×IVDMD×0.815

粗蛋白测定：粗蛋白（CP）采用凯氏定氮法。

矿物元素测定：称量约1.0g的植物样品，在105℃条件下烘干，粉碎后装在小广口瓶中，并在干燥器中保存。准确称取0.500 0g的样品于150ml锥形瓶中，加入10.0ml HNO₃和2.0ml HClO₄后，小心摇动锥形瓶，使混酸液面浸没样品，勿使样品黏附在瓶壁上，静置12h以上，然后在电炉上小心硝化至冒浓白烟，继续消化，当消化液为无色透明或淡黄色时为止。冷却后，转入100ml容量瓶中定容。定容后的消化液使用原子吸收分光光度计（Super 990F，Beijing Purkinje General LLC）进行牧草中K、Na、Mg、Ca、Mn、Zn、Fe含量的测定。

绵羊体重：2011年5—10月、2012年5—10月的月初测定每只绵羊空腹体重。

羔羊初生重：产后，立刻称新生羔羊空腹体重。

羔羊平均日增重：每30d测定羔羊体重，计算羔羊平均日增重。

7.4　数据统计与分析

采用T检验（Student's t test）进行绵羊代谢能、粗蛋白摄入、绵羊体重、日增重、产羔率、繁殖成活率以及羔羊的初生重、平均日增重的组间比较分析。统计检验的显著水平以 $P \leqslant 0.05$ 为基准。采用单因素方差分析（One-way ANOVA）进行不同放牧强度下，草地牧草K、Na、Ca、Mg、Mn、Fe、Zn含量的组间差异的显著性分析。处理间的差异采用Tukey's进行多重比较，统计检验的显著水平以 $P \leqslant 0.05$ 为基准。采用的软件是SPSS 16.0（SPSS Inc.，Chicago，IL，USA）。

7.5　结果分析

7.5.1　绵羊能量摄入的变化

由图7-1可知，绵羊代谢能摄入量整体呈现下降趋势。6月绵羊每天代谢能摄入量最大，绵羊每天代谢能摄入量高于绵羊代谢能的需求。并且，HG与MG组间差异显著（ $P<0.05$ ）。7—9月绵羊代谢能摄入量均低于绵羊代谢能需求（中国肉羊营养标准，NY/T 816—2004）。放牧强度对绵羊代谢能摄入量无显著影响（ $P>0.05$ ）。

7.5.2　绵羊粗蛋白摄入量的变化

由图7-2可知，在放牧季，绵羊每天粗蛋白摄入量呈现单峰曲线变化，6月绵羊每天粗蛋白摄入量最低，8月绵羊每天粗蛋白摄入量达到最大，9月绵羊每天粗蛋白摄入量开始下降。而6—9月，绵羊每天粗蛋白需求量逐渐增大。6月、7月和

9月，绵羊每天对粗蛋白需求量（中国肉羊营养标准，NY/T 816—2004）高于绵羊每天粗蛋白摄入量。7—9月，放牧强度影响了绵羊每天粗蛋白的摄入量，HG与MG处理绵羊每天粗蛋白摄入量组间差异显著（$P<0.05$）。

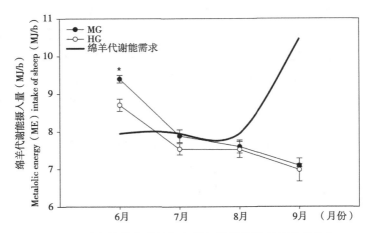

图7-1　放牧绵羊代谢能摄入量与代谢能需求的季节动态

Figure 7-1　Seasonal dynamics of the metabolic energy（ME）intake and requirements of grazing sheep

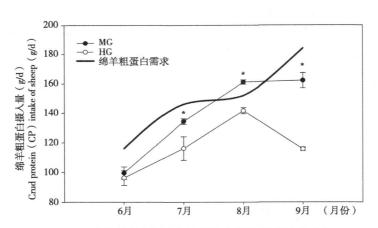

图7-2　放牧绵羊粗蛋白摄入量与粗蛋白需求季节动态

Figure 7-2　Seasonal dynamics of the crud protein（CP）intake and the requirements of grazing sheep

7.5.3　草地牧草矿物营养水平与绵羊对矿物营养的需求

由图7-3A可知，在生长季，草地牧草中K含量逐渐降低。6月，草地牧草K含量超过中国肉羊营养标准（NY/T 816—2004）规定的日粮K含量的上限（8.0g/kg）。7月，放牧强度对牧草中K含量产生了影响，HG处理组牧草中K含量高于MG，并且组间差异显著（$P<0.05$）。HG与CK处理组间差异不显著（$P>0.05$），MG与CK处理组间差异（$P<0.05$）。7月，MG处理组牧草中K含量接近中国肉羊营养标

准（NY/T 816—2004）规定的日粮K含量的下限（5.0g/kg），而HG处理组牧草中K含量高于中国肉羊营养标准（NY/T 816—2004）规定的日粮K含量的上限。8月，放牧强度处理对牧草中K含量无显著影响，组间差异不显著（*P*>0.05）。MG、MG及CK处理组牧草中K含量均高于中国肉羊营养标准（NY/T 816—2004）规定的日粮K含量的上限。9月，放牧强度处理对牧草中K含量无显著影响，组间差异不显著（*P*>0.05）。MG、MG及CK处理组牧草中K含量在中国肉羊营养标准（NY/T 816—2004）规定的日粮K含量下限附近。

由图7-3可知，6—7月，草地牧草中Na含量迅速降低。7—9月，牧草中Na含量变化较小。并且，在整个放牧季，MG、MG及CK处理牧草中Na含量组间差异不显著（*P*>0.05）。6月，草地牧草中Na含量超过中国肉羊营养标准（NY/T 816—2004）规定的日粮Na含量的上限（1.8g/kg）。7月和9月，MG、MG及CK处理牧草中Na含量稍高于中国肉羊营养标准（NY/T 816—2004）规定的日粮Na含量的上限。8月，MG、MG及CK处理牧草中Na含量接近中国肉羊营养标准（NY/T 816—2004）规定的日粮Na含量的上限。

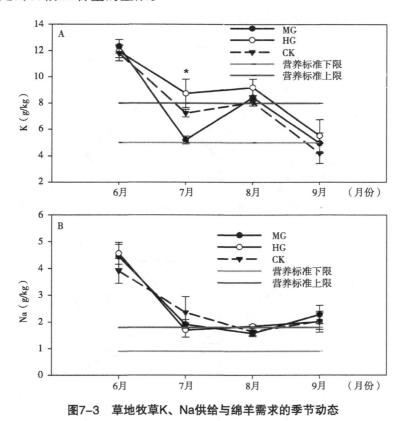

图7-3 草地牧草K、Na供给与绵羊需求的季节动态

Figure 7-3 Seasonal dynamics of the K and Na supply of grassland and requirements of sheep

由图7-4A可知，放牧季草地牧草中Ca含量呈现波动变化，其中，6月和8月牧草

中Ca含量较高，7月和9月牧草中Ca含量较低。并且，牧草中Ca含量远低于中国肉羊营养标准（NY/T 816—2004）规定的日粮Ca含量的下限（3.0g/kg）。7月，放牧强度对牧草中Ca含量产生了影响，HG处理组牧草中Ca含量分别高于MG和CK，并且，HG分别与MG和CK组间差异显著（$P<0.05$），MG与CK组间差异不显著（$P>0.05$）。6月、8月和9月，HG、MG和CK处理牧草中Ca含量组间无显著差异（$P>0.05$）。

由图7-4B可知，放牧季草地牧草中Mg含量逐渐下降。其中，6—7月，草地牧草中Mg含量下降迅速。7—9月，牧草中Mg含量下降趋缓。6月，草地牧草中Mg含量最高，高于中国肉羊营养标准（NY/T 816—2004）规定的日粮Mg含量的上限（1.8g/kg），MG、MG及CK处理牧草中Mg含量组间差异不显著（$P>0.05$）。7月，草地牧草中Mg含量接近中国肉羊营养标准（NY/T 816—2004）规定的日粮Mg含量的上限，MG、MG及CK处理牧草中Mg含量组间差异不显著（$P>0.05$）。8月，放牧处理对草地牧草中Mg含量产生了影响，MG、MG处理显著高于CK（$P<0.05$），但是，MG与MG处理组间无显著差异（$P>0.05$）。8月和9月，草地牧草中Mg含量在中国肉羊营养标准（NY/T 816—2004）规定的日粮Mg含量的上限（1.8g/kg）与下限（1.2g/kg）之间。

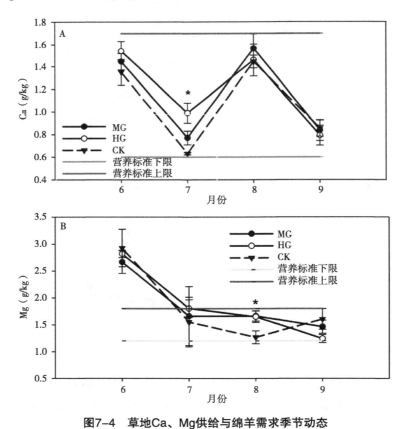

图7-4 草地Ca、Mg供给与绵羊需求季节动态

Figure 7-4 Seasonal dynamics of the Ca and Mg supply of grassland and requirements of sheep

由图7-5A可知，放牧季草地牧草中Mn含量呈现波动变化。6月，草地牧草中Mn含量在中国肉羊营养标准（NY/T 816—2004）规定的日粮Mn含量的上限（47.0mg/kg）与下限（32.0mg/kg）之间。放牧强度处理对牧草中Mn含量无显著影响（$P>0.05$）。7月，HG与CK处理牧草中Mn含量在中国肉羊营养标准（NY/T 816—2004）规定的日粮Mn含量的上限与下限之间，组间无显著差异（$P>0.05$）。MG处理牧草中Mn含量低于中国肉羊营养标准（NY/T 816—2004）规定的日粮Mn含量的下限。8月，牧草中Mn含量最高，在中国肉羊营养标准（NY/T 816—2004）规定的日粮Mn含量的上限与下限之间，组间无显著差异（$P>0.05$）。9月，牧草中Mn含量最低，并且低于中国肉羊营养标准（NY/T 816—2004）规定的日粮Mn含量的下限，组间无显著差异（$P>0.05$）。

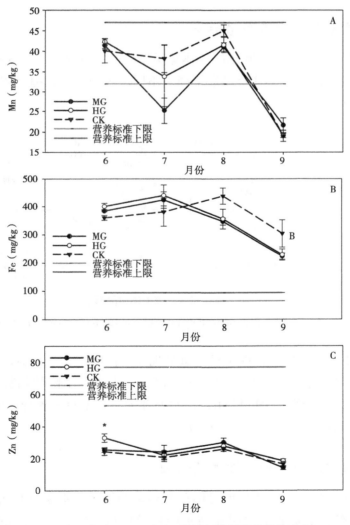

图7-5　草地Mn、Fe、Zn供给与绵羊需求季节动态

Figure 7-5　Seasonal dynamics of the Mn，Fe and Zn supply of grassland and the requirements of sheep

由图7-5B可知，放牧季，牧草中Fe含量呈现单峰曲线变化，并且牧草中Fe含量高于中国肉羊营养标准（NY/T 816—2004）规定的日粮Fe含量的上限（94.0mg/kg）。HG和MG处理草地牧草中Fe含量的峰值出现在7月，而CK处理草地牧草中Fe含量的峰值出现在8月。由此可见，放牧使牧草中Fe含量峰值出现的时间提前。但是，放牧强度处理组间无显著差异（$P>0.05$）。

由图7-5C可知，放牧季，草地牧草中Zn含量明显低于中国肉羊营养标准（NY/T 816—2004）规定的日粮Zn含量的下限（53.0mg/kg）。6月，HG处理草地牧草中Zn含量高于MG处理，并且，HG分别与MG、CK处理组间差异显著（$P<0.05$），MG与CK处理组间无差异（$P>0.05$）。7—9月，各处理草地牧草中Zn含量组间无显著差异（$P>0.05$）。

7.5.4　绵羊体重和日增重变化特征

经过2年的放牧试验，放牧季绵羊体重呈单峰曲线变化（图7-6），在9月和10月达到全年最高，此后绵羊体重迅速下降。不同放牧强度下，绵羊体重组间差异不显著（$P>0.05$）。

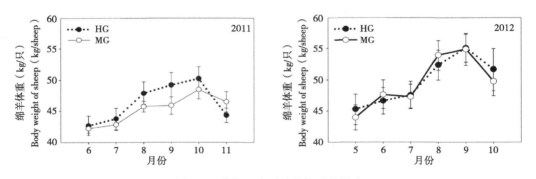

图7-6　放牧强度对绵羊体重的影响

Figure 7-6　The effect of grazing intensity on the body weight of sheep

由图7-7可知，2011年，绵羊日增重呈现双峰曲线变化，峰值出现的时间分别为7月和9月。2012年绵羊日增重呈现先下降，后上升再下降的趋势。对绵羊日增重进行分析，结果发现，2011年MG与HG处理绵羊日增重有差异，9月和10月MG处理绵羊日增重显著高于HG（$P<0.05$）。

7.5.5　放牧强度对绵羊繁殖性能的影响

由图7-8可以看出，放牧强度对绵羊产羔率和繁殖成活率有显著影响，MG处理组绵羊产羔率、繁殖成活率明显高于HG，组间差异显著（$P<0.05$）。由此可见，高放牧强度对绵羊繁殖性能有明显的负面影响。

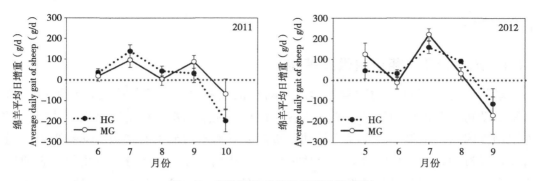

图7-7　放牧强度对绵羊日增重的影响

Figure 7-7　The effect of grazing intensity on the daily gain of sheep

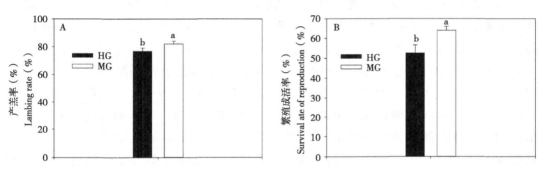

图7-8　放牧强度对绵羊繁殖性能的影响

Figure 7-8　The effect of grazing intensity on reproduction of sheep

7.5.6　放牧强度对羔羊生产性能的影响

由图7-9可以看出，放牧强度对羔羊出生重以及平均日增重有显著影响，MG处理组羔羊初生重和平均日增重明显高于HG，组间差异显著（$P<0.05$）。由此可见，高放牧强度对羔羊生产性能有明显的负面影响。

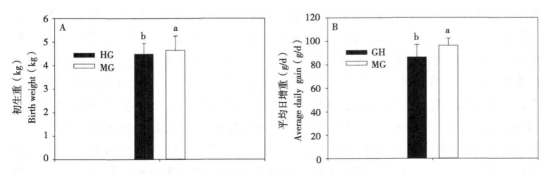

图7-9　放牧强度对羔羊生产性能的影响

Figure 7-9　The effect of grazing intensity on reproduction of lamb

7.6 讨论

7.6.1 绵羊能量、粗蛋白供需平衡

动物营养需要量是动物营养学研究的永恒主题之一。饲料中能量和蛋白质的水平是动物营养评价中极其重要的内容，饲料中能量和蛋白质是动物生产性能发挥的限制性因素。饲料中能量物质是动物所需能量物质的最主要来源。动物摄入的饲料能量经过动物的消化吸收以及机体内的生物转化过程，一部分以物质的三态的形式损失掉，另一部分以热的形式散失掉，只有少部分能量参与了代谢过程，即代谢能。代谢能是被动物利用的有效能，是评价动物能量代谢的有效指标。

本试验研究结果表明，放牧绵羊代谢能摄入量随着放牧时间的延长逐渐下降，这与草地牧草的数量和质量有关。草地牧草在生长初期营养价值高，单位重量牧草能量较高，随着植物的生长发育，植物逐渐成熟，营养价值相对较低，导致绵羊摄入的代谢能逐渐减少。然而，6—9月，绵羊代谢能的需求则逐渐增大，这是由于绵羊体重逐渐增大用于维持的能量需要逐渐增多。另外，9—10月以后，随着胚胎的逐渐发育，对能量的需求逐渐增大。这就导致8月以后，绵羊摄入的代谢能与绵羊代谢能需求标准背离。动物能量供给不足，将会严重影响其生产性能的发挥，导致家畜掉膘、体重下降。由此可见，8月以后，放牧绵羊需要考虑进行能量的补充。

蛋白质在动物生命活动中具有至关重要的作用。饲草中的蛋白质是反刍动物重要的蛋白质来源。牧草蛋白质营养价值是决定其营养价值的重要因素。放牧季绵羊采食牧草蛋白数量与质量决定其生长发育，影响绵羊生产性能。采用中国肉羊营养标准（NY/T 816—2004）进行放牧季绵羊粗蛋白平衡性分析。结果表明，在放牧季，MG处理绵羊蛋白摄入量在8月达到最高，随后稍有下降，而HG处理绵羊粗蛋白摄入量在8月达到最大后，迅速下降。与中国肉羊营养标准（NY/T 816—2004）相比较，只有MG处理组绵羊粗蛋白摄入量在8月能够满足其需要，其他放牧季绵羊粗蛋白摄入量均低于饲养标准。HG处理组的绵羊在整个放牧季粗蛋白摄入量均不能满足其粗蛋白需求量，尤其是自8月开始繁殖母羊进入妊娠中后期，对粗蛋白需求量逐步增大，而HG处理绵羊粗蛋白摄入量迅速下降，与妊娠后期绵羊粗蛋白需求量差距较大，这导致绵羊粗蛋白摄入严重不足。由此可见，在放牧季后期，需要对绵羊进行适量的蛋白补饲。值得重视的是，反刍动物由于消化道构造的特殊性，饲草中的大部分蛋白质在瘤胃中被降解并合成微生物蛋白，只有少部分经过瘤胃，在小肠被消化吸收，这就要在进行反刍动物蛋白质营养评价时不能简单地利用粗蛋白（CP）进行评价，需要采用更先进的蛋白评价体系，如采用降解蛋白（RDP）及非降解蛋白（UDP）体系、代谢蛋白体系、小肠可消化蛋白质

（PDI）、小肠可消化蛋白质与瘤胃能氮平衡等。这些反刍动物蛋白质营养评价的方法是今后研究工作的方向。本试验7—9月，放牧强度影响了绵羊每天粗蛋白的摄入量，MG处理组绵羊每天粗蛋白摄入量显著高于HG处理组（$P<0.05$）。高放牧强度导致绵羊粗蛋白的摄入量减少。

7.6.2 绵羊矿物营养供需平衡

矿物元素对机体生命活动的正常维持具有重要意义。研究证明，氮、磷、钾、钠、钙、镁、氯、硫、锰、铁、锌、铜、钴、碘、钼、硒是动物必需的矿物元素。而且，因营养条件的限制，动物经常会缺乏以上元素。当动物缺钾时，其运动与耐热能力下降，细胞能量代谢发生障碍，长期低钾血症会伴有其他并发症而导致死亡。钠元素对维持机体体液平衡和渗透压具有重要的作用。研究表明，反刍动物对钠元素的需求量可能低于人们的预期，即反刍家畜对机体钠平衡有极好的调节能力。镁是动物机体内酶的辅助因子，镁还是核糖体的组成成分，镁还可以在稳定细胞膜以及维持线粒体功能等方面发挥重要作用。镁元素对反刍动物尤为重要，当动物缺镁时，会引起低血镁抽搐症，母畜在泌乳初期常会出现低血镁抽搐症。放牧绵羊早春因抢青，也会导致低血镁抽搐症的发生。本试验结果表明，草地牧草中K、Na、Mg能够满足绵羊的需求。

钙元素是动物骨骼、牙齿等组织的重要组成成分，动物缺钙表现为食欲不振、反应迟钝等症状，严重缺钙则导致家畜后肢站立不稳，卧地不起以及软骨症的发生。本试验发现，不同放牧强度下，牧草中Ca元素远低于绵羊营养需求的下限，必须进行人工补充。

锰对动物的生长发育是必需的，它参与机体内组织的呼吸、三磷酸腺苷的合成、细胞内代谢以及免疫发生过程。例如，缺锰大鼠的子代在哺乳期死亡率高。本试验结果表明，7月，MG处理组牧草中Mn元素含量小于HG和CK，并低于中国肉羊营养标准（NY/T 816—2004）规定的日粮Mn含量的下限。9月，各处理组牧草中Mn含量均低于中国肉羊营养标准（NY/T 816—2004）规定的日粮Mn含量的下限，需进行人工补充。

动物缺铁会干扰中枢神经系统的成熟，导致贫血等疾病的发生。本试验中各处理组牧草中Fe元素含量丰富，远高于中国肉羊营养标准（NY/T 816—2004）规定的日粮Fe含量的要求，牧草中Fe能够满足绵羊需求。但是，试验发现，放牧使牧草中Fe含量峰值出现的时间提前，其影响机制尚不清楚。

锌是动物所必需的微量元素，是多种酶和胰岛素的组成部分，它参与机体蛋白质、碳水化合物、维生素等物质的代谢过程，动物缺锌会引起机体代谢功能紊乱。日粮中添加适当的锌，能够提高绵羊产羔率、受胎率。本试验结果表明，牧草中

Zn元素的含量远低于中国肉羊营养标准（NY/T 816—2004）规定的日粮Zn含量的要求，需人工补充。并且，中度放牧条件下草地牧草中更容易缺锌，其影响机制尚不清楚。

7.6.3　放牧强度对绵羊生产性能的影响

放牧季绵羊体重呈单峰曲线变化，在9月和10月会达到全年最高，此后绵羊体重迅速下降。这是由于10月以后气候变冷绵羊喜食牧草量枯死，绵羊搜寻喜食牧草时间增加，能量消耗增大。另外，10月以后母羊进入妊娠中后期（个别绵羊为妊娠末期）对营养的需求增大。但是，由于草地牧草提供的营养不足，绵羊体重出现下降。放牧强度对绵羊体重无显著影响（$P>0.05$）。经过对绵羊平均日增重的分析，结果发现，2011年，MG处理和HG处理，绵羊平均日增重组间差异显著（$P<0.05$）。并且，MG处理组绵羊平均日增重在10月以后较大，这有利于缓解绵羊妊娠中后期对营养的大量需求。2012年，绵羊平均日增重组间无显著差异（$P>0.05$）。这是由于2012年降水丰富，草地牧草供给充足。

放牧强度对绵羊的繁殖性能产生了显著影响。MG处理组绵羊产羔率、繁殖成活率明显高于HG，组间差异显著（$P<0.05$）。这是由于MG处理组绵羊在代谢能、蛋白质摄入质量、数量以及矿物元素的摄入都优于HG处理组。由此可见，高放牧强度对绵羊繁殖性能有明显的负面影响。

放牧强度对羔羊出生重以及平均日增重有显著影响，MG处理组羔羊初生重和平均日增重明显高于HG。高放牧强度对羔羊生产性能有明显的负面影响。

7.7　小结

不同放牧强度下的绵羊营养平衡及生产性能的研究结果如下。

（1）在放牧季，放牧绵羊代谢能摄入量整体呈现下降趋势。7月、8月和9月，绵羊代谢能摄入量低于绵羊代谢能需求，需进行人工补充。放牧强度对绵羊代谢能摄入量无影响。

（2）在放牧季，绵羊每天粗蛋白摄入量呈现单峰曲线变化。6月、7月和9月，绵羊每天粗蛋白摄入量不能满足营养需求，需人工补充。放牧强度影响了绵羊每天粗蛋白的摄入量，适度放牧有利于绵羊蛋白质的摄入。

（3）在放牧季，草地牧草中K、Na、Mg、Fe能够满足绵羊的需求。牧草中Ca、Mn、Zn元素低于绵羊营养需求，必须进行人工补充。放牧使牧草中Fe含量峰值出现的时间提前的影响机制尚不清楚。中度放牧条件下草地牧草中更容易缺锌的机制尚不清楚。

（4）放牧强度对绵羊的生产性能有显著影响，适度放牧有利于家畜获得高的日增重。适度放牧绵羊产羔率、繁殖成活率明显高于重度放牧。适度放牧有利于羔羊获得较高的初生重和平均日增重。高放牧强度对羔羊生产性能有明显的负面影响。

以上研究结果在一定程度上揭示了松嫩草地绵羊能量、蛋白质以及部分必需矿物元素供需平衡规律，是制定松嫩草地绵羊饲养标准的有力依据，为解决松嫩草地草畜平衡问题提供了实证材料，为松嫩草地放牧管理及绵羊生产实践提供了技术支撑。

8 草甸草原放牧系统绵羊饲养管理研究

传统的放牧家畜生产系统中，由于冷季牧草短缺，导致家畜体重的季节变化大，生产性能下降，繁殖率低。在漫长而寒冷的冬季之后，放牧家畜由于牧草短缺而体重下降25%~30%。第二年放牧季家畜体重又恢复到正常水平。这就是我国北方放牧系统大部分家畜普遍存在的"夏饱、秋肥、冬瘦、春乏"的恶性循环问题。特别是近年来，随着家畜数量的迅速增加，草畜矛盾日益突出，严重影响着草地绵羊生产系统的平衡与稳定。有学者指出，在我国北方绵羊放牧生产系统中，应当用粗饲料（如牧草干草、燕麦干草和青稞秸秆等）和精料（如玉米、菜籽饼、小麦麸皮和尿素蜜糖复合营养舔砖等）补饲放牧绵羊，以便放牧绵羊能够降低冬季体重的损失。然而，冬季优质饲草及饲料的匮乏是根本问题所在。优质饲料短缺以及冻害往往导致家畜营养缺乏，家畜消瘦体重降低甚至死亡。

在我国北方农牧交错带，具有丰富的农业生产副产品资源，如大量玉米、高粱、绿豆等粮食作物秸秆及农产品加工所产生的副产品。这些低质的粗饲料（如作物秸秆、羊草等）已成为该区域冬季家畜主要饲料来源。如何高效利用这部分低质饲草资源就显得尤为重要。我们知道，家畜营养需求决定于其饲草料总的摄入量、营养物质含量，家畜可以通过摄入大量低质饲草料以弥补优质饲料摄入不足的问题。家畜在漫长冬季如果能增加低质饲草采食量，那么将会有利于家畜安全度过整个漫长的冬天。如今，有很多关于低质粗饲料加工处理的技术与方法，如对粗饲料切短、尿素处理等物理、化学的技术方法，又如微生物发酵等生物方法。但是，这些方法由于环境、设备等因素的限制，对大部分个人养殖者极为不便，尤其是寒冷的冬季。

诸多关于动物营养及行为学研究结果表明，放牧家畜采食量受诸如植物结构、形态特征以及所含次生代谢物的影响。研究指出，当提供混合饲草时，家畜采食量相对较大且生产性能较高。多样化饲草促进家畜采食有利于营养平衡、毒素互相中和以及家畜口味转移。其中，口味转移在调节家畜采食行为方面具有重要作用，并且口味转移是多样化饲草提高家畜采食的重要依据。依据多样化饲草能够提高家畜粗饲料采食的理论，在粗饲料资源丰富的东北农牧交错区，有必要开展冬季多样化低质粗饲料是否能够促进家畜粗饲料采食的试验。如果多样化低质粗饲料能够促进家畜对粗饲料的采食，这将有助于为该类地区冬季家畜生产提供解决低质粗饲料利用的新思路。因此，在东北松嫩草地农牧交错区开展冬季放牧家畜补饲相关研究显得十分迫切。

本研究主要应用当地饲草料资源，观测粗饲料多样化对绵羊采食、增重的影响，明确冬季舍饲绵羊对多样化粗饲料组合的采食规律，阐释多样化粗饲料组合对绵羊采食、增重等影响机制，继而提出松嫩草地放牧系统冬季绵羊粗饲料补饲技术，解决放牧家畜冬季粗饲料高效利用的理论和实际问题。

8.1　试验设计与方法

设定5个粗饲料处理（G1、G2、G3、G4和G5），分别为羊草（*L. chinensis* hay）、绿豆秸秆（*V. radiata* stalk）、羊草+碱蓬（*L. chinensis* hay+*S. glauca*）、绿豆秸秆+碱蓬（*V. radiata* stalk+*S. glauca*）及羊草+绿豆秸秆+碱蓬（*L. chinensis*hay+*V. radiata* stalk+*S. glauca*）。

选取25只平均体重为（47.5±0.67）kg的2龄健康东北细毛羊和小尾寒羊杂交母羊（fine-wool sheep×Small-tailed Han Sheep）作为试验动物，随机分成5组（G1、G2、G3、G4和G5）。试验预试期为7d。预试期间，供试绵羊饲喂设定的基础日粮（以干物质记，组成为0.36kg粉碎的玉米秸秆，粒度约10mm，0.14kg玉米粉，0.05kg豆粕以及1.2g NaCl），粗饲料为羊草干草，自由采食。正试验于2012年2月10日至3月9日开展，基础精料日粮相同，均采用湿拌料的方式，分别在8：00、13：00进行饲喂，避免浪费。每天8：30、13：30和16：00分别供给足量干净水，水供给总量超过15L/只。正试期处理组绵羊G1、G2、G3、G4和G5，分别饲喂不同的粗饲料，粗饲料组成依次为羊草（*L. chinens is* hay）、绿豆秸秆（*V. radiata* stalk）、羊草+碱蓬（*L. chinens is* hay+*S. glauca*）、绿豆秸秆+碱蓬（*V. radiata* stalk+*S. glauca*）及羊草+绿豆秸秆+碱蓬（*L. chinensis*hay+*V. radiata* stalk+*S. glauca*）。粗饲料采取多次少量及时添加的方式，并保证粗饲料足量供应。

8.2　指标测定

绵羊体重：分别在正试期开始和结束时测定每只绵羊空腹体重。

采食量：分别在正试期的第7d、第17d及第27d测定绵羊粗饲料采食量，采集粗饲料样品，供粗饲料养分测定使用。

植物养分：粗饲料样品在60℃鼓风烘箱连续干燥48h，粉碎过1mm孔径筛，保存用于养分分析。干物质（DM）测定依据AOAC提出的测定方法，粗蛋白（CP）采用凯氏定氮法，粗脂肪采用索式提取法，粗饲料中性洗涤纤维（NDF）和酸性洗涤纤维（ADF）依据Mertens（2002）、AFST Editorial（2005）和Goering（1970）提出的方法测定。粗饲料Ca和P分别使用原子吸收分光光度计（Super 990F，Beijing Purkinje General LLC）和分光光度计（UV-2201，Shimadzu）测定。粗饲料总能（GE）氧弹测热仪（PARR 1281，U.S. CETR company）测定。粗饲料体外消化率（IVDMD）采用两阶段法测定，测定体外消化率过程中所使用的瘤胃液来自3只体重为（42.4±2.7）kg的带有瘤胃漏的东北细毛羊杂交品种的公羊。供给瘤胃液的公羊基础日粮组成为：1.5kg/（只·d）切短为5cm的羊草干草（*L. chinensis*），0.25kg/（只·d）玉米粉，0.05kg/（只·d）豆粕及0.01kg/（只·d）市售预混料。每次瘤胃液均在早晨饲喂前采集，用4层纱布过滤，38~39℃厌氧环境短时贮藏，并迅速利用。代谢能（ME）依据下式计算。

ME（MJ/kg DM）=GE×IVDMD×0.815

采用尼龙袋法测定牧草消化率。具体方法如下：将过筛后的样品用万分之一天平称量约2g，4份，1份作为对照，用于测定草样物理流失率，另外3份装进尼龙袋（孔径260目，16cm×8cm），用丝线绳将袋绑紧并做标记。然后在尼龙袋口端的线绳上穿中空的细塑料管（以保证尼龙袋始终处于瘤胃液内）。准备好的尼龙样袋于每日早7：30随机放入3只绵羊永久瘘管中，系死丝线，防止掉袋。待测样袋分别消化24h、48h、72h后用镊子取出，放到准备好的托盘中，带回实验室，用调整好的自来水水龙头水流速度，与对照样袋一同持续冲洗，待样袋流水变清澈后停止冲洗，沥干水后，放入铝盒60℃鼓风干燥箱持续烘12h，称重，计算消化率。

数据计算公式：

$$物理流失率（\%）=\frac{（样品重-流失量）}{样品重}×100$$

$$消化率（\%）=\frac{（样品重×物理流失率-样品重）}{样品重×物理流失率}×100$$

8.3 数据统计与分析

采用两因素方差分析（Repeated measures ANOVA）分别进行试验时间、粗饲料处理以及试验时间和粗饲料处理组合效应对试验结果的影响。采用单因素方差分析（One-way ANOVA）进行补饲对绵羊日增重等指标影响结果的显著性分析。处理间的差异采用Tukey's进行多重比较，统计检验的显著水平以$P \leqslant 0.05$为基准。所采用的软件是SPSS 16.0（SPSS Inc., Chicago, IL, USA）。

8.4 结果分析

8.4.1 绵羊采食量变化特征

粗饲料组合对绵羊平均日采食量具有显著影响（$P<0.05$，图8-1A），并且随着粗饲料组合中物种数增加，绵羊粗饲料采食量增大。当粗饲料种类为一种或两种时，G2、G4处理绿豆秸秆相对G1、G3羊草提高了绵羊粗饲料采食量，但G1与G2以及G3与G4处理组间差异不显著（$P>0.05$），处理G3和G5组间差异显著（$P<0.05$），但G4与G5组间差异不显著（$P>0.05$）。

两因素方差分析结果显示，时间、粗饲料组合及它们的组合效应对绵羊粗饲料采食量均存在极显著影响（$P<0.001$）。如图8-1B所示，粗饲料种类对绵羊粗饲料采食量随着试验时期具有积极的影响，这一积极影响体现在试验期间粗饲料组合促进了绵羊粗饲料的采食。在试验的前10d，绵羊粗饲料最小采食量和最大采食量分别出现在处理G1和G5，并且G5粗饲料摄入量［3.78kg/（只·d））］远高于G1［1.06kg/（只·d）］。当试验进展到第20d、30d的时候，G1和G5处理组绵羊粗饲料采食量逐渐降低，G5处理组绵羊粗饲料采食量分别是G1处理组绵羊粗饲料采食量的1.94倍、1.44倍。处理组G3、G4与G5组间差异不显著（$P>0.05$）。在试验的末期，绵羊最小和最大粗饲料采食量分别出现在G1和G3处理组。

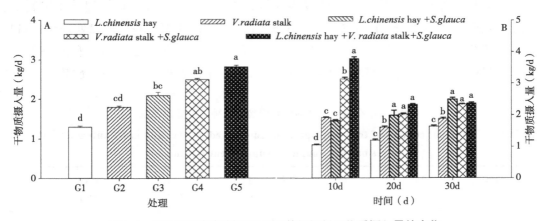

图8-1　不同时间粗饲料处理下母羊粗饲料干物质摄入量的变化

Figure 8-1　Changes in daily roughage intake（dry matter，DM）per ewe across different treatments and time points

G3、G4和G5处理组绵羊采食的粗饲料组分比例如表8-1所示。当粗饲料种类为2种时，即羊草+碱蓬或者绿豆秸秆+碱蓬，绵羊更喜欢采食。在G5处理组，绵羊采食碱蓬的积极性稍差，并且在试验末期相对羊草，绵羊更倾向采食绿豆秸秆。

表8-1 试验期间3个阶段不同处理组母羊粗饲料采食比例

Table 8-1 The proportion（%）of each roughage consumed by the ewes for each supplement mix at three times throughout the 30 day feeding trial

粗饲料组合 Supplement mix	7~10d			17~20d			27~30d		
	Leymus chinens is hay	*Vigna radiata* stalk	*Suaeda glauca*	*Leymus chinens is* hay	*Vigna radiata* stalk	*Suaeda glauca*	*Leymus chinens is* hay	*Vigna radiata* stalk	*Suaeda glauca*
G1	100	0	0	100	0	0	100	0	0
G2	0	100	0	0	100	0	0	100	0
G3	62	0	38	64	0	36	72	0	28
G4	0	74	26	0	72	28	0	78	22
G5	39	41	20	35	37	28	32	41	27

注：G1为羊草；G2为绿豆秸秆；G3为羊草+碱蓬；G4为绿豆秸秆+碱蓬；G5为羊草+绿豆秸秆+碱蓬

8.4.2 绵羊粗饲料采食组成及营养

粗饲料营养含量及绵羊日粮营养摄入量如表8-2所示。各处理间绵羊粗饲料营养组成及营养摄入量不同，G3、G4与G5代谢能（ME）高于G1和G2处理组，G4处理组粗蛋白（CP）高于G5、G3与G1。相反，粗饲料混合处理NDF和ADF低于单一粗饲料，且组间差异显著（$P<0.05$）。Ca和P在各处理组间无一致性趋势。

表8-2 不同处理粗饲料营养含量及绵羊营养摄入量

Table 8-2 Nutrient content of the roughage supplements fed to ewes and daily nutrient intake for ewes on each roughage supplement treatment

添加组分（干物质）	ME† （MJ/kg）	CP （%）	NDF （%）	ADF （%）	EE （%）	Ca （%）	P （%）
营养含量‡							
G1	7.21c	7.21d	73.78a	45.93a	1.40c	0.09a	0.13b
G2	6.95d	8.83ab	66.44b	46.65a	1.77a	0.03d	0.04d
G3	8.23a	8.08c	62.83c	37.90c	1.24d	0.09a	0.20a

（续表）

添加组分（干物质）	ME†（MJ/kg）	CP（%）	NDF（%）	ADF（%）	EE（%）	Ca（%）	P（%）
G4	7.80b	9.06a	60.15d	40.61b	1.56b	0.05c	0.11c
G5	7.87b	8.49b	62.79c	40.32b	1.43c	0.07b	0.14b
SEM	0.07	0.71	0.78	0.65	0.03	0	0.01
总营养物质摄入量§（MJ/d或g/d）							
G1	9.33d	93.55c	955.7d	596.47d	18.26d	1.08c	1.77c
G2	12.57c	159.08b	1 196.6cd	840.31b	31.95c	0.60d	0.66d
G3	17.23b	168.74b	1 319.9bc	797.26c	26.11c	1.78a	4.22a
G4	19.46ab	226.18a	1 500.6ab	1 013.31ab	38.82ab	1.17b	2.78b
G5	22.16a	238.85a	1 778.3a	1 145.04a	40.47a	1.82a	4.05a
SEM	0.84	177.28	59.83	40.20	1.61	0.08	0.22

注：abcd表示每一列各处理组多重比较结果（$P<0.05$）。SEM，标准误均值

†三种粗饲料体外干物质消化率（IVDMD）被用于计算代谢能（ME）。羊草、绿豆秸秆及碱蓬的IVDMD分别为49.01%、47.75%和73.74%

‡母羊摄入的混合粗饲料干物质营养成分基于DM计算。G1羊草，G2绿豆秸秆，G3羊草+碱蓬，G4绿豆秸秆+碱，G5羊草+绿豆秸秆+碱蓬，碱蓬营养物质含量ME为9.53MJ/kg，CP为9.76%，NDF为35.55%，ADF为27.98%，EE为8.65，Ca为0.63%，P为0.70%

§每只母羊每天总营养物质摄入量

各处理组绵羊营养摄入量组间存在显著差异（$P<0.05$）。随着粗饲料种类增加，绵羊ME、CP、NDF摄入量增大，但G4与G5，G2与G3绵羊CP和NDF摄入量组间差异不显著（$P>0.05$）。G5处理绵羊各营养摄入量除P外均最大，G1处理组绵羊除Ca、P外其他营养摄入均最小，G5处理组绵羊ME、CP、EE和P摄入量是G1处理组的2倍以上。

8.4.3 绵羊日增重变化特征

粗饲料种类增多对绵羊日增重有显著且积极的影响。在试验期间，G1至G5处理组绵羊平均体重分别由47.37kg、47.54kg、47.30kg、47.58kg和47.37kg增重到48.53kg，48.17kg，48.65kg，49.66kg和49.85kg。绵羊平均日增重G1与G2处理组间差异显著（$P<0.05$），G3与G4，G4与G5组间差异不显著（$P>0.05$，图8-2）。当粗饲料种类为3种时，G5绵羊平均日增重最大，并且较G1与G2处理组高约2倍。

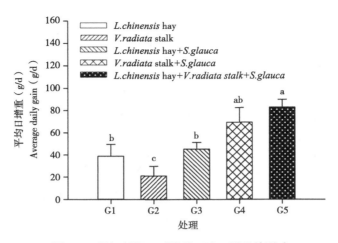

图8-2　粗饲料处理对绵羊平均日增重的影响

Figure 8-2　Effects of different types of roughage on the average daily gain of ewes

8.5　讨论

30d的冬季饲养试验结果表明，冬季绵羊日粮粗饲料种类对绵羊粗饲料采食量具有明显影响。当给绵羊饲喂2～3种粗饲料时，绵羊粗饲料日平均采食量高于只饲喂一种粗饲料，当同时饲喂3种粗饲料时绵羊粗饲料采食量最大。羊草（*L.chinensis*）、绿豆秸秆（*V. radiata* stalk）和碱蓬（*S. glauca*）可分别划分到禾草、豆科植物和杂类草3个功能群。据报道，如果饲料中有家畜喜食植物，更多的粗饲料将会被家畜采食。更新的研究成果也指出，家畜粗饲料采食同样会因高或低品质的粗饲料的混合而提高。基于不同种类粗饲料的营养价值，G4和G5处理组粗饲料中高粗蛋白、低粗纤维是可能影响绵羊粗饲料采食量较其他处理组高的另一因素，尤其在试验的前10d。Wang等（2010）指出当饲草种类丰富时，家畜摄入饲草具有较高的ME/CP比，更多的试验结果显示，家畜饲草中出现的特殊植物或功能群（例如，盐生植物、碱蓬）均能够促进家畜采食，这是由于大部分盐生植物（例如，碱蓬）含有较高的氮元素供瘤胃微生物繁殖，这些功能植物往往含有较高的矿物质。由此，本试验中G4与G5处理绵羊粗饲料采食量较其他处理组高的原因可归因于粗饲料中含有较高的ME、CP、NDF和EE（表8-2）。

以往的研究认为，当家畜日粮由粗粮型迅速转为精粮型均会导致家畜出现诸如反刍、痢疾等健康疾病。在本次试验的前10d，G4与G5处理绵羊粗饲料采食量显著增大，这一采食显著增大现象未导致绵羊健康的问题，这是由于试验中所用到的饲料原料是研究地区绵羊饲养过程最常用的饲料原料，并且在绵羊每天的日粮中均能见到。根据饲养试验第10d、20d、30d的绵羊平均粗饲料采食量结果可知，从试验开始到试验结束G4与G5处理绵羊粗饲料采食量逐渐下降，而G3处理绵羊粗饲料采食量则上升。这一绵羊粗饲料采食量的初始与结束间的差异表明，绵羊日粮粗饲料平均采食量不仅受到植物种类多少的影响，而且受到粗饲料被喜食性以及饲料的可消化性的影响。长期饲喂同样的粗饲料会导致家畜采食行为的改变，并能够检验家畜对某种饲草的真正喜食。本次试验结果表明，羊草和碱蓬是绵羊较喜食的粗饲料组合，这可能是由于羊草+碱蓬组合粗纤维更易于消化，绵羊更喜食。反刍动物饲草中NDF具有非常重要的营养价值，而NDF主要由纤维素、半纤维素、木质素和细胞壁蛋白等组成。通常NDF的成分、消化率和降解率决定着家畜饲草的采食量，这是由于NDF的消化率和降解率会明显影响反刍动物瘤胃内容物的容积，并且饲草颗粒如果小于2mm会明显影响饲草颗粒在瘤胃中的流动性。当饲草中eNDF（eNDF，the minimum number of NDF to stimulate rumination）太高，则瘤胃发酵迟缓，瘤胃内容物流出减弱。Niderkorn 和Baumont（2009）指出，植物物种间有3种情况可以影响草食动物采食及消化。其一是当禾草和豆科植物混合时由于豆科植物养分颗粒的高破碎性、易溶解性以及在瘤胃中易通过性加快了饲草消化。

G4、G5处理组绵羊平均日增重较其他处理组大，这是由于G4、G5处理组绵羊摄入了更多的营养。虽然G2处理组绵羊摄入的营养较G1多，但是绵羊平均日增重低于G1，这一结果表明羊草的品质较绿豆秸秆高，这是由于禾本科牧草中所含纤维消化率高于豆科牧草，并且禾本科牧草纤维颗粒悬浮力高于豆科牧草，这种牧草颗粒在瘤胃中的悬浮力可以延长饲草料在瘤胃中停留时间，从而影响饲草总的消化率和饲料的整体利用率。以上饲草消化机制能够在一定程度上解释本试验中羊草较绿豆秸秆有更好的饲喂效果。本次试验中，羊草处理组与羊草+碱蓬及绿豆秸秆+碱蓬处理组具有同样的饲养效果。

8.6　小结

（1）多样化的粗饲料组合能够促进绵羊粗饲料采食量并提高绵羊生产性能。

（2）多样化的粗饲料组合在一定程度上能够促进低质粗饲料的有效利用。

然而，通过G5处理组绵羊试验后期粗饲料采食量下降的现象说明，多样化粗饲料组合促进家畜采食的积极效果具有时效性。因此，如何长时间维持多样化粗饲料促进家畜采食的积极效应，将是冬季家畜生产中有效利用低质粗饲料的又一关键问题。

⑨ 冬季放牧绵羊舍饲配方研究

　　松嫩草地冬季寒冷，1月的平均气温在-26.0～16.0℃，极端低温为-39.2℃。在冬季，家畜长期处于冷应激的状态。研究发现，寒冷容易引起大型反刍动物体温过低，甚至显著引起家畜死亡。冬季松嫩草地降雪丰富，每年10月1日至次年4月30日草地积雪覆盖率可达30%～40%，这种草地长时间被积雪覆盖的事实造成草食家畜冬季粗饲料补给困难，草地放牧利用难度巨大。因此，在冬季松嫩草地基本采用舍饲的方式饲养家畜。松嫩草地是我国农牧交错带的组成部分，具有丰富的农业副产品资源。这种客观的自然条件及资源条件，为该地区开展舍饲畜牧业创造了巨大机会。

　　舍饲畜牧业是有别于传统粗放经营的家畜生产方式，是以舍饲为主要手段，在积极主动组织各生产要素的基础上寻求最优资源配置的畜牧业生产方式。舍饲畜牧业有利于借助现代动物科学、动物医学及农业经济管理等学科技术，最终实现家畜生产的标准化、规模化、工厂化以及现代化养殖。松嫩地区农业生产大量农副产品，尤其是玉米、绿豆等秸秆资源丰富。只要采用合理的方法或措施，就能够有效解决松嫩草地漫长寒冷的冬季反刍家畜粗饲料不足的问题。随着科技的迅速发展，以作物秸秆为代表的低质粗饲料的加工处理的技术与方法不断涌现，例如，对粗饲料切短、尿素处理等物理、化学的技术方法，微生物发酵等生物方法以及多样化低质粗饲料的组合饲喂技术等为秸秆资源的开发提供了技术支撑。目前，有大量的家畜舍饲研究成果。然而，开展放牧家畜舍饲研究仅限于部分地区。例如，甘肃、内蒙古、新疆等地开展了以家庭牧场为核心放牧家畜舍饲研究，并取得了一批能够指导生产实践的喜人成果。但是，松嫩草地作为我国重要的牧业生产基地，至今鲜有放牧家畜舍饲的相关报道。这种理论研究的薄弱和技术方法的缺失，无疑会制约松嫩草地畜牧业经济的发展。

　　本试验在以下原则与理论框架下，进行放牧绵羊冬季舍饲配方的设计，开展冬季绵羊舍饲研究。首先，立足当地饲草资源现状，充分发挥大豆饼粕、玉米、秸秆、羊草等精、粗饲料资源价值。其次，立足松嫩草地冬季寒冷、漫长的气候特点，充分突出冬季舍饲过程中能量对家畜的重要性。再次，立足放牧季家畜营养现状、生长发育及生理的阶段性特征，充分利用现代动物科学饲养技术与方法。最后，以经济、高效并服务生产实践为原则。本试验的目的是，确立松嫩草地冬季放牧绵羊舍饲技术与方法，指导区域家畜生产实践。

9.1 试验设计

试验采用单因素（能量）多水平（能量水平）完全随机设计。立足当地饲草料资源现状，开展绵羊冬季补饲研究。针对东北冬季寒冷漫长以及冬季是绵羊集中产羔的特点，本试验按NRC（1985）及中国肉羊行业标准（NY/T 816—2004）推荐的绵羊维持代谢能需要量的100%、105%、110%、115%、120%设计，蛋白质及其他养分均按该标准规定需要量的100%供给（表9-1），选取玉米粉、豆粕作为主要能量蛋白饲料，羊草、玉米秸秆作为粗饲料，设计基础日粮（表9-2）。

表9-1 绵羊饲养标准

Table 9-1 The feeding standard of sheep

营养标准 Nutritional standard		消化能（MJ/kg） Digestible energy	粗蛋白（%） Crud protein	钙（%） Calcium	磷（%） Phosphorus	盐（%） NaCl
100%能量	营养水平	7.95	8.28	0.40	0.22	0.41
	标准下限	7.95	7.50	0.40	0.20	
	标准上限	14.23	15.42	0.53	0.22	0.41
105%能量	营养水平	8.34	8.82	0.39	0.22	0.41
	标准下限	8.34	7.50	0.40	0.20	
	标准上限	14.94	15.42	0.53	0.22	0.41
110%能量	营养水平	8.75	8.57	0.36	0.22	0.41
	标准下限	8.75	7.50	0.40	0.20	
	标准上限	15.65	15.42	0.53	0.22	0.41
115%能量	营养水平	9.14	8.01	0.33	0.22	0.41
	标准下限	9.14	7.50	0.40	0.20	
	标准上限	16.36	15.42	0.53	0.22	0.41
118%能量	营养水平	9.46	7.50	0.28	0.22	0.41
	标准下限	9.54	7.50	0.40	0.20	
	标准上限	17.08	15.42	0.53	0.22	0.41

表9-2　冬季饲喂绵羊的饲料配方

Table 9-2　The feeds formula of sheep in winter

饲料原料 Feed stuff	配比Compounding ratio（%）				
	A	B	C	D	E
玉米	5.000	5.000	11.728	20.659	32.843
玉米秸秆	44.676	33.368	30.000	30.000	30.000
豆粕	4.048	5.076	4.006	2.179	1.000
食盐	0.100	0.100	0.100	0.100	0.100
羊草	46.177	56.456	54.166	47.062	32.847
合计	100.001	100	100	100	96.79
成本（元/t）	809.1	860.5	951.6	1 052.3	1 229.6

9.2　试验方法

2011年2月，本试验在吉林省长岭县前金山村一牧户家中开展。选取30只平均体重为（38.00±2.12）kg的1龄健康东北细毛羊和小尾寒羊杂交母羊（fine-wool sheep×Small-tailed Han Sheep）作为试验动物，随机分成6组（A、B、C、D、E和CK）。试验预试期为7d，预试期间，供试绵羊只饲喂羊干草，自由采食。正式试验于2011年2月15日至3月19日开展。

A、B、C、D、E处理组的绵羊分别对应饲喂表9-2的饲料配方。其中，玉米、豆粕粉碎成粉状，玉米秸秆粉碎，长度约2cm，玉米、豆粕粉、食盐与细碎的玉米秸秆采用湿拌料的方式，分别在8：00、13：00进行饲喂，避免浪费（图9-1）。当每组湿拌料完全采食干净后，在专用料槽中少量多次添加羊干草，保证羊草不浪费。A、B、C、D、E处理组绵羊粗饲料为绿豆秸秆，在专用料槽中少量多次添加绿豆秸秆，每只羊每天绿豆秸秆供应量为1kg/d。

CK为对照，依据当地牧民对绵羊的饲养方式，在专用料槽中少量多次添加羊干草，足量供应。在专用料槽中采取多次少量及时添加的方式供应绿豆秸秆，供应量为每只羊1kg/d。

每天8：30、13：30和16：30分别供给各处理组绵羊足量干净水。

图9-1　绵羊基础精料日粮制作与饲喂

Figure 9-1　The basal concentrate diet making and feeding for sheep

9.3　指标测定

绵羊体重：分别在正试期2月15日、2月27日、3月9日以及3月19日7：00测定每只绵羊空腹体重（图9-2）。

采食量：采用差额法，分别在正试期的第7d、17d及27d测定绵羊粗饲料采食量。

图9-2　粗饲料称重、添加与绵羊体重测定

Figure 9-2　Roughage weighing and adding and weighing of sheep body weight

9.4　数据统计与分析

采用单因素方差分析（One-way ANOVA）分别分析饲料配方对绵羊体重、日增重以及饲料报酬的影响，并进行显著性分析。处理间的差异采用Tukey's进行多重比较，统计检验的显著水平以$P \leqslant 0.05$为基准。所采用的软件是SPSS 16.0（SPSS Inc.，Chicago，IL，USA）。

9.5　结果分析

9.5.1　饲料配方对绵羊体重的影响

饲料配方处理对绵羊体重无显著影响（$P>0.05$）（表9-3）。

表9-3　不同饲料配方处理组绵羊体重动态变化

Table 9-3　The dynamic change of sheep weight among different feed formulation group

配方 Feed formulation	体重Weight（kg）			
	2月15日	2月27日	3月9日	3月19日
A	40.41 ± 3.05a	38.06 ± 3.06a	40.51 ± 3.02a	42.54 ± 2.89a
B	38.01 ± 2.08a	35.55 ± 2.08a	36.81 ± 2.07a	37.58 ± 2.08a
C	37.31 ± 1.18a	37.42 ± 1.22a	38.19 ± 1.24a	39.24 ± 1.20a
D	40.05 ± 2.29a	38.61 ± 3.01a	39.04 ± 2.49a	41.62 ± 2.26a
E	34.55 ± 1.51a	33.94 ± 2.06a	35.41 ± 2.13a	36.69 ± 2.13a
CK	37.70 ± 1.71a	36.48 ± 1.73a	37.29 ± 1.10a	37.31 ± 1.30a

9.5.2　绵羊阶段性日增重变化特征

如图9-3所示，补饲前期（2月15—27日），除C处理外，其余处理组绵羊平均日增重均有不同程度下降且为负增长，其中以A和B处理下降最为明显，平均每天体重降低分为（-234.40 ± 57.94）g、（-246.40 ± 34.33）g。

在补饲中期（2月27日至3月9日），各处理组绵羊平均日增重均增大。其中A与D处理组绵羊日增重差异显著（$P<0.05$），其他各处理组间绵羊日增重差异不显著（$P>0.05$）。

在补饲后期（3月9—19日），绵羊平均日增重D>A>E>C>B>CK，其中D与CK处理差异极显著（$P<0.01$），其余组间差异不显著（$P>0.05$）。

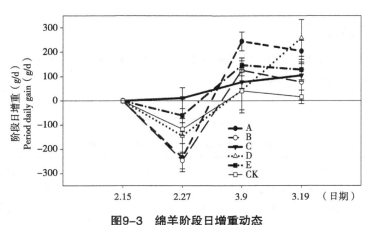

图9-3　绵羊阶段日增重动态

Figure 9-3　The dynamic average daily gain of sheep in each processing stage

9.5.3 绵羊平均日增重变化特征

由图9-4可知，C处理组绵羊日增重在整个试验期间均呈现缓慢上升趋势。而其他处理组绵羊平均日增重则有波动，呈现先降低后增加的趋势。

在补饲前10 d，C处理饲料配方有利于绵羊体重的增加，平均日增重为（11.20±43.07）g，C与A、B、D之间均存在极显著差异（$P<0.01$），而C与E、CK间差异不显著（$P>0.05$）。随着补饲时间的延长，当补饲20 d时，C处理组饲养配方依然有利于家畜获得较高的日增重，其平均日增重为（44.40±24.42）g，方差分析结果显示，C、E与B、D间差异显著，其他各处理组间差异不显著（$P>0.05$）。

当30 d的补饲试验结束，E处理饲料配方最终获得了最大的绵羊日增重效果，绵羊的平均日增重为（71.60±22.47）g，这是高投入的必然结果。方差分析结果显示，A、C与B、CK间差异显著，其他各组间差异不显著（图9-4，$P>0.05$）。

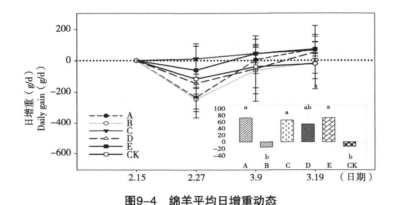

图9-4　绵羊平均日增重动态

Figure 9-4　The dynamic average daily gain of sheep

9.5.4 饲养成本分析

由表9-4可知，CK处理组饲养成本最大，为1.80元/（只·d），A处理组饲养成本最小，为1.17元/（只·d）。

表9-4　绵羊饲养成本

Table 9-4　The feeding costs of sheep

配方 Feed formulation	单价 Unit price （元/t）	饲喂量 Supplementation [kg/（只·d）]	成本 Costs [元/（只·d）]	平均日增重 Average daily gain of sheep （kg/d）
A	809.10	2.20	1.17	0.07
B	860.50	2.20	1.23	−0.01

（续表）

配方 Feed formulation	单价 Unit price （元/t）	饲喂量 Supplementation [kg/（只·d）]	成本 Costs [元/（只·d）]	平均日增重 Average daily gain of sheep （kg/d）
C	951.60	2.20	1.34	0.06
D	1 052.30	2.20	1.56	0.05
E	1 229.60	2.20	1.68	0.07
CK	700.00	2.58	1.80	-0.01

9.6 讨论

家畜体重是家畜重要的生长发育性状。家畜体重的增减常被用于衡量家畜生产性能。饲料营养水平的高低直接决定着家畜体重的增减，饲草中高的营养水平有利于家畜增重。本试验中，A、B、C、D、E、CK不同能量水平的饲料配方处理，绵羊体重组间无显著差异（$P>0.05$）。由此可见，家畜体重变化不能衡量饲料配方的好坏。这是由于家畜体重变化是一个复杂的生长发育性状，受到环境、家畜生理发育阶段、饲草料的消化过程等多种因素的影响。并且，反刍动物因瘤胃发酵而使得饲草养分消化吸收过程更加复杂。

通过对绵羊在试验过程中的日增重进行分析，结果发现，补饲前期（2月15—17日），A、B、D、E、CK处理组绵羊平均日增重均有不同程度下降且为负增长，其中以A和B处理下降最为明显，平均每天体重降低分为（-234.40±57.94）g、（-246.40±34.33）g。补饲中期（2月27日至3月9日），各处理组绵羊平均日增重均增大。这是由于冬季寒冷的气候环境导致绵羊用于维持基础代谢的能量增加，即北方寒区家畜普遍存在冷应激的现象。在冷应激条件下，动物摄入的能量会更多地用于维持体温，能量消耗增大。当动物适应了冷应激后，动物对饲料的摄入量增大，用于生产的能量会逐渐增大，家畜生产性能会随之恢复。然而，反刍动物对饲草料的消化吸收因瘤胃发酵而复杂。反刍动物营养研究发现，日粮中能量、蛋白质的同步至关重要。日粮能量与氮素同步有利于提高瘤胃微生物蛋白质的合成效率。本试验补饲后期（3月9—19日），A、B、E、CK处理组绵羊平均日增重降低，而C、D处理组绵羊日增重继续保持增长。在整个试验期间，只有C处理组绵羊日增重始终保持增长，这可能是由于A、B、E、CK处理组绵羊日粮能量不能不同步造成的。有研究认为，日粮能量和氮素同步并不能总是提高瘤胃微生物的发酵能力和动物的生产性能。动物种类、生理阶段等因素均会导致动物对饲草料养分的分配利用，这就要求我们需要更多地了解日粮营养以外的因素。例如，当家畜所处外部环境发生变化时，由机体内源性氮素（氨基酸）会掩盖日粮氨基酸的不足，机体氮素营养趋于平衡。又如，瘤胃能量与氮素平衡需要考虑干物质采食量、化学成分、食糜的过瘤胃速率以及在瘤胃生成的挥发性脂肪酸的构成等。家畜自身的免疫状态、机体的代谢波动等因素均会影响家畜对营养物质的吸收、代谢及利用。

A、B、D、E、CK处理组绵羊平均日增重的波动说明，在寒冷冬季，绵羊始终处于对外界冷应激的适应、调节过程，即动物中枢神经系统及其高级部位（大脑皮层）对机体所有器官和组织进行调节。当动物处于寒冷环境，机体开始产生冷应激反应。当家畜在慢性冷暴露情况下，机体在调理系统的作用下不断发生生理代谢以获得能量、氨基酸和矿物营养以维持机体相对恒定，家畜进入冷应激适应阶段。当家畜机体不能在寒冷环境中保持在冷应激的适应阶段，则家畜机体则将进入衰竭阶段，表现为营养不良、异化作用增强，乃至死亡。C处理组绵羊日增重在整个试验期间均呈现缓慢上升趋势。这说明C处理能够避免绵羊营养波动，减缓绵羊冷应激。

从本试验饲料配方的经济性考虑，A处理饲养成本最低，为1.17元/（只·d），并获得了0.07kg/d的平均日增重。但是，A处理组绵羊日增重在试验期波动较大，说明家畜在试验过程中可能遭受了更为严重的冷应激。E处理组绵羊平均日增重为0.07kg/d，这是在高成本的情况下获得的，不符合饲料配方的经济学原理。C处理组绵羊平均日增重为0.06kg/d，并且C处理组绵羊在整个试验期日增重始终保持增长。这说明C是该地区冬季绵羊补饲较为理想的饲料配方。

9.7 小结

松嫩农牧交错带，冬季寒冷，绵羊冬季舍饲应该充分考虑保暖，尽量避免绵羊出现冷应激。绵羊冬季舍饲应当立足当地饲草料资源，注重饲料营养、绵羊生产性能以及绵羊对冷应激的适应性，兼顾饲料配方的经济性原则。本研究结果表明，C处理饲料配方（玉米11.72%，豆粕4.01%，食盐0.10%，玉米秸秆30.00%，羊草54.17%）是冬季绵羊舍饲的理想配方。

10 放牧对荒漠化草原植被的影响

　　草地作为一种资源，是畜牧业生产的物质基础，而草地生态系统中动植物矛盾是我们关注的重要焦点之一。直至目前，关于放牧生态系统的相关研究不曾间断，其大体研究内容包括适宜放牧强度、放牧制度、植被结构、数量特征、物质循环等诸多方面，成果卓著。近年来，随着大气环境变化、挖药、采樵、放牧等人为扰动，不同类型草地生态系统出现不同程度破坏，导致草地"三化"问题日益严重，各级不同部门对草地生态系统健康持续利用问题越加关注。草地"三化"问题在宁夏尤为突出，政府决定从2003年5月1日起实行全区禁牧。我们知道，对草原来说不是禁牧的时间越长越好，而且再度利用时，如果仍然采用放任自流的管理措施，禁牧成果就会前功尽弃，毫无意义。

　　到目前为止，关于宁夏滩羊放牧系统的研究已有较多成果，但都集中在滩羊品种培育、生产性能提高、畜群结构优化等方面，只有少数专门针对滩羊放牧系统进行适宜放牧强度的研究，所以对宁夏滩羊放牧系统适宜放牧强度进行研究就显得十分必要。

10.1　研究内容与方法

10.1.1　试验地的选择

　　试验于2003年5月15至10月30日在宁夏盐池县四墩子行政村围栏草地进行。本试验的围栏草地自2001年开始封育，2003年初进行放牧强度试验。试验地南北走向，长2 241m，宽271m，小地形有起伏。试验地主要植物为中亚白草、赖草、糙隐子草[*Kengia sguarrosa*（Trin.）Packer]、长芒草、沙芦草（*Agropyrom mongolicum* Keng）、狗尾草[*Setaria viridis*（L.）Beauv.]、画眉草（*Eragrostis poaeoides* Beauv.）、甘草（*Glycyrrihiza uralensis* Fisch.）、牛枝子、草木樨状黄芪、沙珍棘豆（*Oxytropis psammocharis* Hance）、刺叶柄棘豆、米口袋（*Gueldenstaedtia stenophylla* Bge.）、沙打旺（*Astragalus adsurgens* CV. Shadavon）、叉枝鸭葱、细叶山苦荬、白沙蒿（*Artemisia sphaerocephala* Kasch.）、猪毛蒿（*Artemisia scoparia* Maldst. et Kit.）、阿尔泰狗娃花、细叶骆驼蓬、鳍蓟（*Olgaea leucophylla* Iljin.）、蒺藜（*Tribulus terrestris* L.）、刺蓬（*Salsola collina* Pall.）、灯索[*Agriophyllum squarrosum*（L.）Moq.]、软毛虫实（*Corispermum puberulum* Iljin.）、地锦（*Euphorbia humifusa* Willd.）、细叶远志（*Polygala tenuifolia* Willd.）、高山韭（*Allium polyrrhizum* Turcz.）、砂葱（*Allium mongolicum* Regel.）、盘泽芳（白龙串彩）（*Panzeria alashanica* Kupr.）、细叶鸢尾（*Iris tenuifolia* Pall.）、银灰旋花（*Convovulus ammannii* Desr.）、星状刺果藜（*Echinopsilon divaricatum* Kar. et Kir.）、老瓜头、乳浆大戟等，分布基本均匀。主要灌木为柠条（*Caragana korshinskii* Kom.）。根据草原综合指标分类系统，该试验草地属于微温微干草地类，缓坡丘陵亚类，禾本科杂类草草地型。

10.1.2 试验设计与围栏布置

试验为单因子试验（放牧频率相同，时间相同），设6个水平的放牧强度处理（表10-1）：①不放牧CK（对照）。②轻度放牧E（0.450只/hm²）。③较轻度放牧D（0.600只/hm²）。④中度放牧C（0.750只/hm²）。⑤较重度放牧B（1.050只/hm²）。⑥重度放牧A（1.500只/hm²）。

表10-1　放牧强度试验设计

Table 10-1　Experimental design for gazing intensity

组别	放牧所在围栏 Inclosure land of grazing	放牧强度（只/hm²） Grazing intensity（sheep/hm²）	放牧滩羊数（只） The count of grazing sheep（sheep）
第一组	A	1.500	10
第二组	B	1.050	7
第三组	C	0.750	5
第四组	D	0.600	4
第五组	E	0.450	3
第六组	CK	0.000	0

试验区围成面积相等的5个放牧区（每区100亩）和1个对照封育区，每个放牧区用铁丝再隔成面积相等的3个小区（每小区33.3亩），也就是在草地面积一定、

放牧天数相同的条件下，用放牧羊头数来控制不同的放牧强度的实施，5个区放牧羊只数依次为3只、4只、5只、7只、10只。自2003年6月1日至2003年10月30日，进行历时5个月的试验。预试3d，正试期自6月1日起，共150d。羊只按当地农民的放牧习惯进行出牧和归牧，出牧前和归牧后在牧主家饮水，晚上放入试情公羊，尽可能地避免羊只的空怀，也有利于对羊只发情情况进行观察。

整个放牧期间，各放牧强度组依次轮流放牧该组的3个小区，每个小区放牧14d。

10.1.3 试验滩羊的选择

试验羊只为围栏草地农户家的羊只。为健康无病的2龄母羊，体重相近。试验前对其进行编号、药浴（磷氮乳油）和驱虫（丙硫咪唑），随机分组进行草地围栏放牧。E、D、C、B、A各处理组滩羊平均体重分别为（32.67±2.75）kg、（32.00±0.91）kg、（32.10±2.16）kg、（31.57±4.14）kg、（30.95±2.28）kg，经方差分析组间差异不显著（$P>0.05$）。

10.2 测定项目及方法

密度：详细统计样方内（m^2）各种植物的株数，按科分类，分种记录。

高度：测定样方内（可以在样方外的草地上）主要植物测定其自然高度（10株），取平均值。如果有生殖枝，测定其生殖枝高度（10株），取平均值，按种记录。

盖度：测定总盖度和种的分盖度。①草本植物用针刺法：在选定的样方内等距离测定100次，凡被刺中的记做1次，求其总刺中数，即为草地该种植物的盖度。若同时刺中2种或2种以上的植物，则分别记录。各分盖度之和减去重复次数即为草地植被总盖度。②灌木用线段法：选定一方向，测定该方向上线段所压灌木的长度总和，然后除以总的测绳的长度，即为该种灌木的盖度。

频度：用直径为35.6cm的样圆（面积为0.1m^2）沿一方向，随机抛出10次，然后记录样圆内物种名及其出现次数，每出现1次，其频率记为10%，累加得出各植物的频度。

生物量：齐地面剪取样方内植株的地上部分，分种称重（数量极少的可按禾本科、豆科、灌木、杂类草称重），3次重复。地下部分：每个小区放牧完后，在草地上随机分层取0～30cm深的根系，采用干筛法进行根系分离，3次重复。

数量特征的测定时间为开始放牧前2d测定其放牧，12d后第一次测定植物数量特征（四度一量）；24d后第二次测定植物数量特征。以后每14d测定草地植被数量特征。同时，在不同的处理各区有1个1m²的固定样方，直到放牧试验结束再测定一次生物量。

植物种类统计：详细统计选定样方内的植物种类数，按科排列。

以上"四度一量"均在每区放牧前和放牧14d后测定。

物候期：每5d观察一次，逢到发育阶段有较急骤变化时2d一次。每次在下午5：00进行，列表记录。豆科植物观察项目：萌发，形成侧枝，孕蕾，开花，乳熟，完熟，枯黄；禾本科植物观察项目：萌发，分蘖，拔节，抽穗，开花，完熟，枯黄。整理记录，作出物候谱。

生活力：本试验在做放牧强度对草地牧草生活力影响的观察时，在不同放牧处理区观察同一种牧草，共随机观察10株，凡有生殖枝的植株每出现一次记为10%，有生殖枝、有果实植株≥70%，则其生活力强（营养生长良好，能开花结果）；30%<有生殖枝、有果实植株<70%，其生活力中等（营养生长良好，但不能或仅能开花不能结果）；有生殖枝，有果实植株≤30%，其生活力弱（营养生长弱，不能开花结果）。

土壤容重和含水量：在不同放牧强度的草地上分0~10cm、10~20cm、20~30cm用土壤环刀（V=100cm³）分层采集土样，分层装入塑料袋带回实验室，称出湿重后在105℃烘箱中连续烘8h称干重，直至恒重。每处理重复3次。然后计算土壤含水量和土壤容重。

10.3　资料统计处理

测得数据采用excel 2000软件求和、平均值、作图，然后采用DPS、SPSS10.0软件进行方差分析和相关、回归分析。

10.4　结果分析

10.4.1　草群植物密度对放牧强度的响应

由表10-2可知，5月24日放牧强度处理草群植物密度最小，草群植物密度以E处理区最高，B次之，A最低，经方差分析各处理间差异不显著（$P>0.05$）。但随着放牧试验的开展，草群植物密度对放牧强度迅速发生响应，6月1日草群植物密度因不同放牧强度发生了分异，处理E草群植物密度迅速达到整个放牧季最大190.00株（丛）/m²，这是因适度放牧有利于禾草分蘖，提高草群植物密度的原因；处理B次之，这是因放牧季早期，较高放牧强度有利于促进草地植物密度增加；处理A最小，这可能由于返青初期，草群植物密度受强烈放牧扰动有关。8月

20日草群植物密度整体较大，处理A、C、D、CK均达到整个放牧季最大，各组间差异不显著（$P>0.05$），这可能与该时期降雨频繁，草地一年生牧草快速萌发、生长（狗尾草、灯索等大量出现）以及牧草在适宜水分条件下补偿性生长有关。至10月29日，草群植物密度普遍降低，处理A与处理E组间差异显著（$P<0.05$），其余各处理间差异不显著（$P>0.05$），这与草地部分植物开始枯死有关。在整个放牧季，不同时期不同放牧强度下草群植物密度变异较大，草群植物密度整体呈单峰曲线变化规律。

表10-2 放牧强度对草地植物密度的影响

Table 10-2 The influence of grazing intensity on plant density of grassland

放牧处理 Grazing treatments	草地植物密度[株（丛）/m²] Plant density of grassland（cluster/m²）				
	5月24日	6月1日	8月20日	10月1日	10月29日
A	67.34 ± 16.76^a	68.00 ± 17.58^b	188.44 ± 126.02^a	90.776 ± 31.57^{ab}	65.00 ± 9.94^b
B	82.91 ± 18.94^a	143.00 ± 72.33^{ab}	132.78 ± 44.26^a	80.22 ± 26.63^b	115.61 ± 73.78^{ab}
C	76.73 ± 15.67^a	103.67 ± 32.00^{ab}	134.00 ± 32.33^a	129.33 ± 26.537^a	133.44 ± 36.24^a
D	79.87 ± 16.3^a	96.70 ± 59.48^{ab}	153.33 ± 47.66^a	132.11 ± 18.475^a	96.55 ± 3.34^{ab}
E	89.83 ± 26.25^a	190.00 ± 81.66^a	125.00 ± 27.18^a	106.22 ± 17.84^{ab}	132.22 ± 5.01^a
CK	74.67 ± 12.05^a	94.67 ± 15.50^{ab}	164.00 ± 14.00^a	93.556 ± 10.317^{ab}	101.00 ± 10.00^{ab}

注：[abcd]表示每一列各处理组多重比较结果（$P<0.05$）。SEM，标准误均值

10.4.2 草群盖度对放牧强度的响应

由图10-1可见，不同放牧强度下，草群盖度在整个放牧季呈现"先下降后上升再下降"的变化规律，这是因为在放牧季早期草群盖度受放牧强度影响而降低，随着雨季来临，草群盖度又快速增大，秋末随着牧草枯死及放牧强度影响而迅速下降，而早期对照组草群盖度下降可能与干旱导致部分牧草枯死有关。草群盖度于9月初至9月中旬达到最大，处理A、B草群盖度分为44.67%、46.78%，较处理C（44.44%）、D（53.56%）、E（53.89%）早14d，较CK（65.00%）早28d，且A、B和CK处理草群盖度间差异显著（$P<0.05$）。由此可知，随着放牧强度增大，草群盖度"谷值""峰值"有提前出现的趋势。

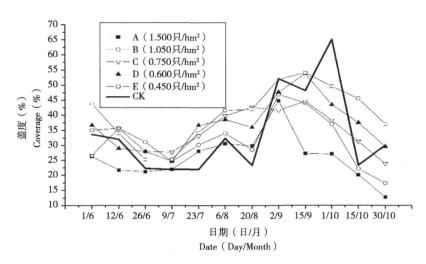

图10-1　不同放牧强度下草群盖度动态变化

Figure 10-1　The dynamic change of vegetation coverage on different grazing intensities

　　通过对不同放牧强度下草群盖度随时间变化进行曲线拟合，发现受放牧扰动草群盖度在多项式比较简单（三次方程）的情况下，即能达到较高拟合精度，而对照组CK草地盖度未经放牧扰动，拟合曲线只有在多项式达到6次以上才能达到其他放牧强度处理的同等精度水平（表10-3）。由此可见，放牧扰动可使草地植物盖度在季节内变化规律变的简单化。

表10-3　放牧强度与草地植被盖度的回归分析

Table 10-3　The regression analysis on vegetation with grazing intensity

放牧处理 Grazing treatments	R^2	回归方程 Regression equation
A	0.72	$Y=31.083\ 23-8.043\ 62X+2.095\ 25X^2-0.130\ 83X^3$
B	0.69	$Y=51.345\ 86-16.027\ 8X+3.294\ 85X^2-0.184\ 3X^3$
C	0.81	$Y=34.277\ 47-6.059\ 41X+1.807\ 75X^2-0.115\ 19X^3$
D	0.84	$Y=49.118\ 79-16.109\ 86X+3.511\ 55X^2-0.193X^3$
E	0.93	$Y=61.332\ 22-22.493\ 21X+4.505\ 03X^2-0.234\ 44X^3$
CK	0.71	$Y=92.215\ 83-107.271\ 8X+67.495\ 25X^2-20.377\ 33X^3+3.071\ 31X^4-$ $0.220\ 36X^5+0.005\ 98X^6$

　　通过对草地盖度与放牧强度之间相关性分析，发现草地盖度与放牧强度之间存在极显著相关关系（$P<0.01$），其回归方程为：$Y=34.042\ 0+27.573\ 1X-45.333X^2+15.628\ 0X^3$（$R^2=0.423\ 1$）。这说明草地盖度对不同放牧强度具有高敏响应性。由

图10-2可知，随放牧强度增大，草群盖度先上升后降低，且放牧强度为0.450只/hm²时，草地盖度达到最大，说明该类型草地放牧强度为0.450只/hm²时，有利于保持草群盖度最大。

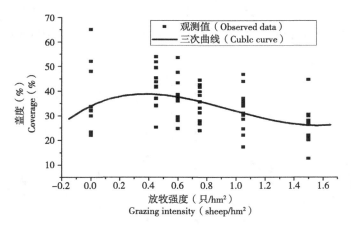

图10-2　放牧强度与草群盖度回归分析

Figure 10-2　The regression analysis on the grazing intensities and the vegetation coverage

10.4.3　草地现存量对放牧强度的响应

由图10-3可知，不同放牧强度下，草地现存量动态变化趋势为单峰曲线变化，草地现存量在9—10月间达到最大。与对照组相比，虽然不同放牧强度处理下草地现存量动态变化趋势较为杂乱，很多观测值都高于对照组，这可能与放牧能促使草地牧草再生有关，但是总体趋势随着放牧强度增大，草地现存量有减少趋势。

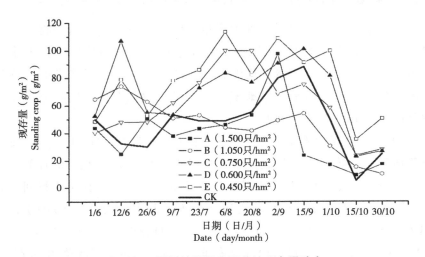

图10-3　不同放牧强度下草地现存量动态

Figure 10-3　The dynamic change of standing cropin different grazing intensity

通过对放牧强度与草地现存量间进行相关分析，结果表明放牧强度与草地现存量间显著负相关（$P<0.05$），其回归方程为：$Y=47.575\,1+152.913\,8X-248.424\,3X^2+95.112\,3X^3$（$R^2=0.507\,3$）。由图10-4可见，随着放牧强度的增大，草地牧草现存量呈现先增后减趋势。并且，当放牧强度为0.45只/hm²时，草地植被现存量最大。由以上分析可知，该类型草地适宜的放牧强度为0.450只/hm²。

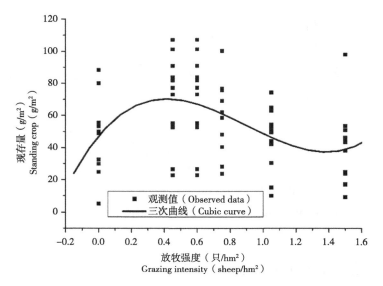

图10-4　放牧强度与现存量回归分析

Figure 10-4　The regression analysis on the grazing intensity and the standing crop

10.4.4　放牧强度对草地植被结构的影响与分析

对整个放牧季内不同放牧强度处理区草地的植被现存量进行分类，主要分为禾本科产量、豆科产量和杂类草产量3类，并通过相关、回归分析，找出放牧强度对草地植被不同经济类群牧草产量的影响，即放牧强度与不同经济类群牧草产量的相关性，并得出放牧强度与该地区草地不同经济类群牧草产量的回归公式以及不同经济类群牧草产量之间的相关、回归关系。

通过放牧强度与草地禾本科牧草产量的相关分析（表10-4），结果表明，放牧强度与草地禾本科牧草现存量之间存在极显著负相关关系（$P<0.01$），相关系数$r=-0.487$（n，66）。同时，对放牧强度与草地禾本科牧草现存量进行回归分析，结果表明，放牧强度与草地禾本科牧草之间存在极显著回归关系（$P<0.01$），回归系数$R=0.731\,3$（n，66），其回归方程为：$Y=29.676\,3+118.077\,3X-203.544\,9X^2+77.262\,1X^3$（$0\leqslant X\leqslant1.50$）。通过本模型可以根据放牧强度估计草地禾本科牧草的现存量。

表10-4　放牧强度与各经济类群牧草产草量相关分析

Table 10-4　The correlation analyse on the grazing intensity and the different kinds of economic pasturage

		放牧强度（只/hm²）	禾本科产量（g/m²）	豆科产量（g/m²）	杂类草产量（g/m²）	禾本科比例（%）	豆科比例（%）	杂类草比例（%）	禾本科/豆科（%）	总产量（g/m²）
放牧强度（只/hm²）	Pearson Correlation	1	-0.494**	0.131	0.152	-0.676**	0.356**	0.487**	-0.134	-0.241
	Sig. (2-tailed)	.	0.000	0.295	0.223	0.000	0.003	0.000	0.285	0.051 7
	N	66	66	66	66	66	66	66	66	66

注：**0.01水平上的回归分析（双尾检验）

　　*0.05水平上的回归分析（双尾检验）

由图10-5A可以看出，当草地放牧强度为0.45只/hm²时，草地禾本科牧草的现存量最大，并且在整个放牧过程中草地禾本科牧草的现存量的变化趋势是先增后减。相反，把草地禾本科牧草现存量作为自变量，而把放牧强度作为因变量进行回归分析，结果发现两者之间仍然存在极显著回归关系（$P<0.01$），回归系数$R=0.581\ 6$（n，66），其回归方程为：$Y=1.540\ 2-0.050\ 4X+0.000\ 7X^2-3.446\ 6\times10^{-6}X^3$（$0\leq X\leq1.50$），见图10-5B。通过本模型可以在草原调查时根据测得的草地禾本科牧草现存量推算该草地放牧利用的程度，从而可以调整本地区的放牧强度，避免放牧过重。同时，通过研究得知不同放牧强度与豆科牧草产量、杂类草产量之间不存在相关、回归关系。

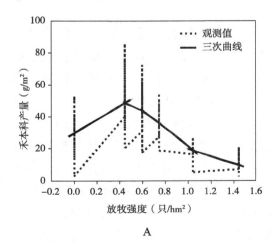

A

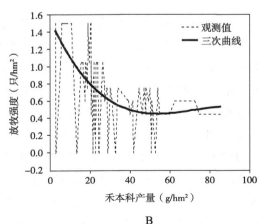

B

图10-5　放牧强度与草地禾本科牧草现存量回归分析

Figure 10-5　The regression analyse on the grazing intensity and the standing crop of the Gramineae pasturage

通过对不同放牧强度与草地禾本科牧草所占总现存量比重之间进行相关分析（表10-4），结果表明，不同放牧强度与草地禾本科牧草所占比例之间存在极显著负相关关系（$P<0.01$），相关系数$r=-0.676$（n，66）。继而对两者进行回归分析，结果表明两者之间存在极显著回归关系，回归系数$R=0.770\,3$（n，66），其回归方程为：$Y=58.928\,2+46.167\,6X-90.095\,5X^2+29.503\,4X^3$（$0\leqslant X\leqslant 1.50$）。由图10-6可以看出，随着放牧强度的加重，禾本科牧草所占比例呈现先增后减趋势。这是因为当放牧强度较轻时，草地禾本科牧草有充分的生长发育机会，所以其产量所占比例较大，表现为上升的过程，草地趋向优良化发展。当放牧强度超过0.45只/hm²时，草地禾本科牧草相对比例开始减小，草地开始退化。由此可见，放牧强度对草地禾本科牧草所占比例有很大影响，即放牧强度越大，草地禾本科牧草所占总产草量的比例越小。

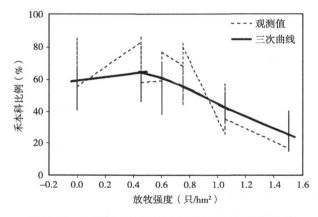

图10-6　放牧强度与草地禾本科牧草比例回归分析

Figure 10-6　The regression analysis on the grazing intensity and the proportion of Gramineae pasturage

通过对不同放牧强度与草地豆科牧草所占总现存量比重之间进行相关分析（表10-4），结果表明，不同放牧强度与草地豆科牧草所占比例之间存在极显著负相关关系（$P<0.01$），相关系数$r=-0.356$（n，66）。继而对两者进行回归分析，结果表明两者之间存在极显著回归关系，回归系数$R=0.675\,7$（n，66），其回归方程为：$Y=28.607\,7-117.561\,2X-210.561\,9X^2-86.074\,9X^3$（$0\leqslant X\leqslant 1.50$）。由图10-7可知，放牧强度与草地豆科牧草比例的回归曲线呈"V"形，即随着放牧强度的增大，草地豆科牧草所占比例呈现先减后增再减的变化趋势。这是因为，放牧强度较轻时，草地禾本科牧草所占比例相对上升，从而导致豆科牧草比例相对下降。当放牧强度大于0.45只/hm²时，草地禾本科牧草开始大量被家畜采食，其比例下降，然而甘草、猫头刺等直立型牧草其因利用有季节性，牛枝子属于匍匐茎型植物，不易采食，所以豆科牧草的比例又有所上升。随着放牧强度继续加重，禾本

科、豆科牧草都被严重啃食，其比例进一步下降，草地只剩一些杂草，所以此时杂草比例上升，导致草地牧草产量结构破坏，草地退化。

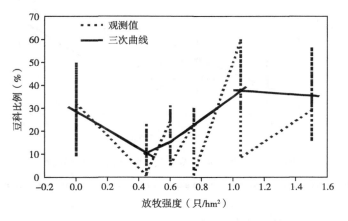

图10-7　放牧强度与草地豆科牧草比例回归分析

Figure 10-7　The regression analysis on the grazing intensity and the proportion of Leguminosae pasturage

通过对不同放牧强度与草地杂类牧草所占总现存量比重之间进行相关分析（表10-4），结果表明，不同放牧强度与草地杂类草所占比例之间存在极显著负相关关系（$P<0.01$），相关系数$r=-0.487$（n，66）。继而对两者进行回归分析，结果表明两者之间存在极显著回归关系，回归系数R=0.595 3（n，66），其回归方程为：$Y=12.464\ 9+71.378\ 4X-120.438\ 1X^2+56.559\ 1X^3$（$0\leq X\leq1.50$）。由图10-8可见，当放牧强度逐渐增大时，草地杂类草比例的变化趋势是先增后减再增加的趋势，即"N"形。这是因为当放牧强度较小时，草地禾本科和豆科等优良牧草足够滩羊采食，杂类草相对比例较小，草地表现为优良化；当放牧强度超过0.45只/hm²时，草地杂类草被家畜采食的越来越多，杂类草的相对比例减小，这就表现为下降的趋势，草地开始退化；当放牧强度超过1.05只/hm²时，草地绝大部分禾本科和豆科牧草被采食，而杂类草所占比例就相对上升，这就是图10-8中杂类草比例表现为上升的过程，草地植被产量结构已被明显破坏，草地开始退化。

10.4.5　放牧强度对草地土壤含水量的影响

通过放牧强度与0～30cm土层土壤平均水分的相关分析可知（图10-9），放牧强度与土壤含水量之间的相关系数$r=0.382$（n，30），经方差分析双尾检验，差异显著（$P<0.05$）。这说明放牧强度与0～30cm土层土壤平均含水量之间存在正相关关系，即随着放牧强度增大，土壤含水量越大。

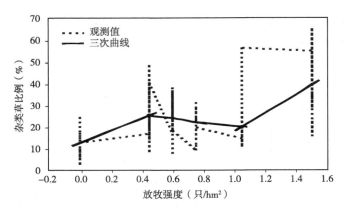

图10-8　放牧强度与草地杂类牧草比例回归分析

Figure 10-8　The regression analysis on the grazing intensity and the proportion of mixed pasturage

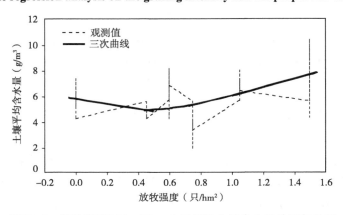

图10-9　放牧强度与0~30cm土层平均土壤含水量的回归分析

Figure 10-9　The analysis of regression on the water content in 0~30cm depth and grazing intensity

　　本研究对放牧强度与0~30cm土层土壤平均水分做了回归分析，并做了三次方程的拟合，其两者的回归系数$R=0.527\,3$（n，30），回归方程为：$Y=5.766\,4-4.612\,2X+6.700\,7X^2-1.855\,2X^3$（$0\leqslant X\leqslant 1.50$）。如图10-9所示，当放牧强度为"0"时，土壤含水量较大，当放牧强度为0.45只/km²时，土壤含水量最低，随着放牧强度的继续增加，土壤含水量则增加。总体上土壤水分随放牧强度增大而增大，这与贾树海等（1999）的研究结果一致。这种变化规律可能是由于该试区土壤为沙土和风沙土的缘故。当放牧强度为"0"时，草地表层有部分枯枝落叶，具有保持水分的作用；当轻度放牧时，草地表层枯枝落叶保持水分的作用被破坏，土壤含水量下降；随着放牧强度的继续增加，由于家畜对土壤踏实作用，从而使土壤颗粒间隙变小，有助于土壤毛管水分的保持，所以土壤含水量增加。

　　由此可见，放牧强度与土壤含水量之间存在正相关关系，随着放牧强度的增大，土壤含水量增加，两者符合$Y=5.766\,4-4.612\,2X+6.700\,7X^2-1.855\,2X^3$（$0\leqslant X\leqslant 1.50$）三次曲线变化。

10.5 结论

不同季节草群植物密度对不同放牧强度的响应程度不同，且以放牧季初期、末期最为强烈，雨水较多的夏季较弱。

在整个放牧季，草地植物盖度呈现先下降后上升再下降的动态趋势；放牧强度与草群盖度间呈现极显著负相关关系，随着放牧强度增大，草地植物盖度降低，且随着放牧强度增大，草群盖度"谷值""峰值"出现时间提前；不同放牧强度下草群盖度与时间回归方程可统一表示为：$Y=a-b_1X+b_2X^2-b_3X^3$（系数见表10-4），对照草地草群盖度回归方程为：$Y=92.215\,83-107.271\,8X+67.495\,25X^2-20.377\,33X^3+3.071\,31X^4-0.220\,36X^5+0.005\,98X^6$，且受放牧扰动草群盖度回归方程较未放牧草地草群盖度回归曲线简单；该荒漠草地类型适宜放牧强度为0.450只/hm^2。

在整个放牧季，草地牧草现存量动态变化复杂，其动态变化趋势呈现单峰曲线变化趋势；草地牧草现存量与放牧强度之间存在显著负相关关系，随放牧强度增大，草地牧草现存量下降，且放牧强度为0.45只/hm^2时，草地现存量最大，即该荒漠草地类型适宜放牧强度为0.45只/hm^2。

放牧强度与草地禾本科牧草现存量之间存在极显著负相关关系和极显著回归关系。并且，当放牧强度为0.45只/（$hm^2 \cdot d$）时，草地禾本科牧草的现存量最大。在整个放牧过程中草地禾本科牧草的现存量的变化趋势是先增后减。放牧强度对草地禾本科牧草所占比例有很大影响，即放牧强度越大，草地禾本科牧草所占总产草量的比例越小。所以，当放牧强度为0.45只/（$hm^2 \cdot d$）时，有利于草地禾本科牧草的生长发育。放牧强度与草地豆科牧草比例的回归曲线呈"V"形，即随着放牧强度的增大，草地豆科牧草所占比例呈现先减后增再减的变化趋势。当放牧强度逐渐增大时，草地杂类草的比例变化趋势是先增后减再增加，即"N"形。放牧强度对草地禾本科和豆科牧草有影响，即随着放牧强度的增大，禾本科牧草比例相对降低，而豆科牧草比例相对增加。以宁夏盐池草地现状，放牧强度不能大于0.45只/（$hm^2 \cdot d$）。随着草地植被恢复，放牧强度可以在此基础上有所增。

11 滩羊采食行为研究

11.1 试验材料与方法

从试验地附近农民家租借的滩羊（母羊）作为试验用羊。羊只健康无病，年龄2岁，体重相近。试验前对其进行编号，药浴（磷氮乳油）和驱虫（丙硫咪唑），分组进行草地围栏放牧。

11.2 测定项目与方法

11.2.1 滩羊采食习性

采用跟群放牧全日制观察法。各处理组固定一只滩羊，同时观测，观测2d（9月5日和9月16日）。记录滩羊一天内的放牧总时间、采食时间、游走时间、反刍卧息时间和排便次数及出牧前和归牧后的饮水情况。

11.2.2 滩羊采食量

采用单口采食法。即在观察滩羊全天采食的情况下，在稳定采食时，观察滩羊单位时间内采食口数（每天测定10次）（为了不干扰滩羊正常的采食，利用了望远镜进行观察），然后根据全天采食时间计算采食口数；同时观察滩羊采食的植物种类、部位及留茬高度，然后在滩羊采食过的地段上模拟滩羊的采食情况，用手摘取牧草200口，称出各种牧草的重量，计算出单口采食量，并利用公式：日采食量=全天采食时间（min）×采食速度（口/min）×单口采食量（g/口），其中采食速度（口/min）=采食口数/采食时间；单口采食量（g/口）=采食牧草重量/采食口数；百口采食量（g/100口）=单口采食量×100，计算出日采食量、每百口采食量及采食速度。

11.3　结果与分析

11.3.1　不同放牧强度下，滩羊的牧食习性

图11-1可以看出，随着放牧强度的增大，滩羊的采食时间增加，游走时间、反刍卧息时间均呈下降趋势。由表11-1可以看出，滩羊的采食时间占总放牧时间的比例由0.450只/hm²的66.85%增加到1.500只/hm²的90%，增加了23.15%，而游走、反刍卧息时间分别由0.450只/hm²的4.4%和28.75%下降到1.500只/hm²的1.8%和8.2%，分别下降了2.6%和20.55%。这说明，放牧强度轻的草地，牧草产量高，滩羊很快能吃饱，随着放牧强度的增大，草地牧草产量下降，滩羊吃饱需要花费较长的时间。另外，各放牧处理组滩羊每天的排粪次数无明显的变化规律，这主要是由家畜的生理状况决定的。

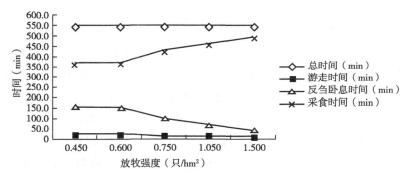

图11-1　滩羊采食习性

表11-1　滩羊采食习性

处理	放牧强度 （只/hm²）	日期	总时间 （min）	游走		反刍卧息		采食	
				时间 （min）	%	时间 （min）	%	时间 （min）	%
E	0.450	9.5	560.0	26.3	4.7	163.5	29.2	370.2	66.1
		9.16	540.0	22.1	4.1	152.8	28.3	365.0	67.6
		平均	550.0	24.2	4.4	158.2	28.8	367.6	66.85
D	0.600	9.5	560.0	18.5	3.3	177.5	31.7	364.0	65
		9.16	540.0	27.5	5.1	131.8	24.4	380.7	70.5
		平均	550.0	23.0	4.2	154.6	28.1	372.4	67.75
C	0.750	9.5	560.0	16.2	2.9	112.0	20	431.8	77.1
		9.16	540.0	15.7	2.9	94.5	17.5	429.8	79.6
		平均	550.0	16.0	2.9	103.3	18.8	430.8	78.35

（续表）

处理	放牧强度（只/hm²）	日期	总时间（min）	游走		反刍卧息		采食	
				时间（min）	%	时间（min）	%	时间（min）	%
B	1.050	9.5	560.0	13.4	2.4	90.7	16.2	455.8	81.4
		9.16	540.0	11.3	2.1	58.3	10.8	470.3	87.1
		平均	550.0	12.4	2.25	74.5	13.5	463.1	84.25
A	1.500	9.5	560.0	12.9	2.3	54.3	9.7	492.8	88
		9.16	540.0	7.0	1.3	36.2	6.7	496.8	92
		平均	550.0	10.0	1.8	45.3	8.2	494.8	90

11.3.2 不同放牧强度下，滩羊的采食习性

由表11-2及图11-2、图11-3可以看出，随着放牧强度的加重，滩羊每百口采食量和日采食鲜草重下降，采食速度加快。从表11-2可以看出，滩羊每百口采食量由0.450只/hm²的21.94g/口下降到1.500只/hm²的12.56g/口，下降了9.38g/口，日采食鲜草重由0.450只/hm²的3 847.17g下降到1.500只/hm²的3 362.31g，下降了484.36g，而采食速度由0.450只/hm²的47.7口/min增加到1.500只/hm²的54.1口/min，增加了6.4口/min。这说明，随着放牧强度的加重，在每百口采食量和日采食鲜草重减少的情况下，滩羊为了吃饱，除了延长采食时间外，不得不增加采食速度。采食速度与每百口采食量之间的回归关系是：$Y=81.85-1.28X$（$r=-0.95$）。

表11-2 滩羊采食量

处理	放牧强度（只/hm²）	日期（月.日）	采食时间（min）	采食速度（口/min）	每百口采食量（g）	日采食草重（g）鲜重风干重	
E	0.450	9.5	370.2	53.3	21.80	4 301.04	2 395.25
		9.16	365.0	42.1	22.08	3 393.30	1 889.73
		平均	367.6	47.7	21.94	3 847.17	2 142.49
D	0.600	9.5	364.0	54.2	21.78	4 296.93	2 392.96
		9.16	380.7	41.6	20.64	3 268.78	1 820.38
		平均	372.4	47.9	21.21	3 782.86	2 106.67

（续表）

处理	放牧强度 （只/hm²）	日期 （月.日）	采食时间 （min）	采食速度 （口/min）	每百口采食 量（g）	日采食草重（g） 鲜重 风干重	
C	0.750	9.5	431.8	46.6	17.98	3 617.58	2 014.63
		9.16	429.8	49.8	18.06	3 865.93	2 152.94
		平均	430.8	48.2	18.02	3 741.76	2 083.79
B	1.050	9.5	455.8	53.2	14.11	3 421.77	1 905.58
		9.16	470.3	52.6	14.37	3 555.12	1 979.85
		平均	463.1	52.9	14.24	3 488.44	1 942.72
A	1.500	9.5	492.8	59.2	12.62	3 681.72	2 050.35
		9.16	496.8	49.0	12.50	3 042.90	1 694.59
		平均	494.8	54.1	12.56	3 362.31	1 872.47

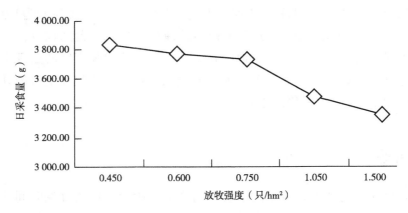

图11-2　日采食鲜草重（g）

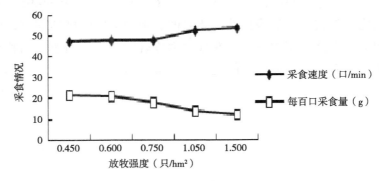

图11-3　滩羊采食情况

11.3.3 滩羊对牧草的嗜食性

通过整个放牧期的观察，各种放牧强度下，滩羊对牧草的采食率顺序为：狗尾草、细叶山苦荬、沙打旺、牛枝子、中亚白草>赖草、沙卢草、糙隐子草、米口袋、细叶远志>长芒草、银灰旋花>白沙蒿>猫头刺>甘草（降霜后采食率增加）。滩羊总是先采食柔软的禾草（如狗尾草、中亚白草）、柔嫩有汁的山苦荬和一些豆科牧草，而对粗糙禾草（如蒙古冰草、针茅）采食差，甘草和柠条在降霜前后才开始大量采食。同时，随着放牧强度的加重、同一小区内放牧天数的增加及喜食牧草的减少，采食率在放牧强度轻的处理组不高的牧草，在放牧强度重的处理组则出现了增高。

另外，在平时放牧中观察发现：①随着放牧强度的增大和同一周期同一轮牧小区内放牧日期的延伸，放牧滩羊的采食范围逐渐增大到整个小区内。像放牧强度为0.450只/hm²的滩羊，在其每个小区内的采食每次都是在上一次采食的范围和临近处采食，导致不采食处牧草生长较高、老化，整个草地出现了明显的斑块。而放牧强度1.050只/hm²和1.500只/hm²的滩羊，由于每隔28d的轮牧修复，地面上蹄迹遍布，牧草仍然长势很差，产量不高，所以，刚赶进某一小区没有几天，就在整个小区内开始寻找采食。②夏季，特别是天晴、气温高时，放牧强度为1.050只/hm²和1.500只/hm²羊只（特别是1.500只/hm²的处理组）为了采食到牧草，它们单个行动，由于体弱不愿再走动，就零星地卧在草地上，而放牧强度轻的处理组，滩羊群集休息。③夏季，如果天阴或者风较大，放牧强度重的比放牧强度轻的处理组采食时间要长1~3h，有时中午仍然采食。

11.4 结论

随着放牧强度的加重，滩羊的采食时间增加，游走、反刍卧息时间减少；随着放牧强度的加重，滩羊每百口采食量和日采食量减少，采食速度增加。其中，采食速度与每百口采食量之间的回归关系为：$Y=81.85-1.28X$（$r=-0.95$）；每天排便次数无明显变化；放牧滩羊的嗜食性是相对的，随着放牧强度的加重，同一小区内放牧天数的增加及喜食牧草的减少，在放牧强度轻的处理组质量差的牧草，不被采食或者采食甚少，而在放牧强度重的处理组则被大量采食。

12 放牧对家畜的影响

12.1 试验材料与方法

见11.1。

12.2 测定项目与方法

12.2.1 滩羊采食量的测定

不同强度下，各轮牧小区于放牧前测定草地牧草现存量，并随机布置3个体积为1.5m×1.5m×1.5m的活动围笼，放牧后分别测定笼内，笼外牧草地上现存量。测产样方1m²。然后根据放牧前后牧草地上现存量之差及放牧期间牧草累积量（放牧前后活动围笼中牧草产量之差），计算各放牧小区的采食量。采食量的计算采用下式：$C=M-M^f+g\times\Delta M^c$

式中：C—采食量（g/m²）；

$\qquad M$—放牧前的草地牧草产量（g/m²）；

$\qquad M^f$—放牧后的草地牧草剩余量（g/m²）；

$\qquad \Delta M^c$—活动围笼内的牧草在放牧期间的累积量（g/m²）；

$\qquad g$—牧草积累系数。

牧草积累系数（g）的计算式为：

$$g=\frac{(M-M^f)\log(\dfrac{M+\Delta M^c}{M})}{\Delta M^c\log\dfrac{M}{M^f}}$$

注：公式中各字母表示内容及单位与上式相同。

牧草干物质测定，将前述的牧前、牧后剪下的牧草按种分别放置，让其风干后，计算出干物质百分含量，供计算干物质采食量用。

12.2.2 滩羊体重变化的测定

每次更换放牧小区的当天（隔14d），于清晨测滩羊的体重（空腹12h），连续2次称重，取其平均值。

12.2.3 饲料报酬（料重比）

以活重1kg为一个畜产品单位（APU），求出每个APU的饲草消耗量。

12.2.4 疾病状况

试验期间，观察羊只精神状态、采食情况等，发现有病时，记下发病日期及羊只的编号。

12.2.5 繁殖情况

试验期间，记下羊只发情、配种日期，并于产羔期统计产羔情况。计算产羔率等指标。

12.3 结果与分析

12.3.1 不同放牧强度下滩羊的采食量

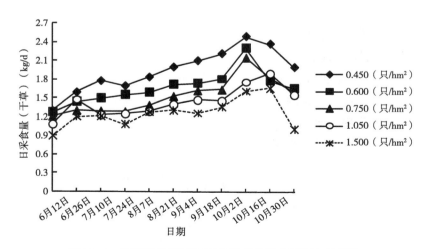

图12-1 不同放牧强度下滩羊日采食量（干草）的变化

由图12-1可以看出，滩羊的日采食量，从放牧开始到结束，不同放牧强度下都是先增加后减少。各放牧强度下滩羊日采食量的大小顺序是：0.450只/hm²>0.600只/hm²>0.750只/hm²>1.050只/hm²>1.500只/hm²。亦即，滩羊的日采食量与放牧强度呈负相关，其回归方程为：$Y=2.04-0.54x$（$r=-0.92*$）。同时还可以看出，放牧强度为0.450只/hm²、0.600只/hm²和0.750只/hm²的处理组，滩羊的日采食量在放牧过程中出现了两个明显的峰值，放牧强度为1.500只/hm²和1.050只/hm²的处理组，滩羊的日采食量在整个放牧过程中都出现明显的周期性波动，但是，放牧前期和后期的峰值更为明显。前期峰值各处理组都出现在6月26日至7月9日，后期峰值，0.450只/hm²、0.600只/hm²和0.750只/hm²出现在9月18日至10月1日，1.050只/hm²和1.500只/hm²出现在10月2—15日。另外，由表12-1可以看出，放牧强度0.450只/hm²滩羊的日采食量与0.600只/hm²、0.750只/hm²、1.050只/hm²的日采食量差异显著，与1.500只/hm²的日采食量差异极显著，0.600只/hm²的日采食量与1.500只/hm²的日采食量差异显著，其他各处理组差异不显著。

表12-1　不同放牧强度下滩羊日采食量（干草）的变化　　　　（单位：kg）

处理	放牧强度（只/hm²）	日期（月.日）											平均日采食量（干草）
		6.12	6.26	7.10	7.24	8.7	8.21	9.4	9.18	10.2	10.16	10.30	
E	0.450	1.31	1.6	1.78	1.7	1.84	2	2.1	2.21	2.48	2.36	1.99	1.94[a]
D	0.600	1.28	1.45	1.5	1.55	1.59	1.72	1.73	1.8	2.3	1.77	1.64	1.67[b]
C	0.750	1.22	1.31	1.3	1.29	1.39	1.53	1.62	1.63	2.14	1.81	1.58	1.52[bc]
B	1.050	1.09	1.48	1.24	1.25	1.29	1.4	1.47	1.46	1.75	1.89	1.55	1.43[bc]
A	1.500	0.9	1.21	1.22	1.09	1.28	1.31	1.26	1.36	1.61	1.66	1	1.29[c]

注：同列字母相同者，表示差异不显著（$P>0.05$）；字母相邻者，表示差异显著（$P<0.05$）；字母相间者，表示差异极显著（$P<0.01$）

草地滩羊放牧系统是一个包括草地、家畜、土壤和气候因子在内的生态系统，这个系统内，各因子之间相互制约，互为促进。气候、土壤、家畜影响和决定草地牧草的品质和产量，草地牧草的质量和数量决定着家畜的生产性能。5月29日至7月9日，这段时间是牧草返青后生长最快的时期，再加上轮牧制度能给牧草以恢复生机、繁殖再生的机会，所以，滩羊的日采食量出现了逐区增加，并且在6月26日至7月9日禾本科（特别是沙卢草）的种子开始成熟，所以出现了第一个日采食量峰值。放牧强度为1.050只/hm²和1.500只/hm²的处理组在7月10日至9月17日，日采食量仍存在着波动，并且每个波动都体现出，第三轮牧小区的日采食量大于第二小区的日采食量，第二小区的采食量又大于第一小区的采食量，而其他3个处理组没有出现类似情况。这表明，此时1.050只/hm²和1.500只/hm²两处理组的滩羊对草地的依赖程度仍然很大，而滩羊对草地的依赖程度越大，其潜在的危机就越大。如果在春乏时期或灾年，肯定要比其他3个放牧强度下滩羊的受灾严重。但是，试验期间，降雨较频繁（表12-2），特别是夏季的降雨，不仅给牧草以水分，而且水热同步加速牧草生长，并且，降雨后，一年生植物（如狗尾草、灯索等）大量出现，所以各放牧强度下，滩羊的日采食量都有所增加。最后一个峰值0.450只/hm²、0.600只/hm²和0.750只/hm²的处理组出现在9月18日至10月1日，处于俗称的抓秋膘的时期，这可能与豆科和杂类草结实期有关。而1.050只/hm²和1.500只/hm²两处理组，降霜后开始大量采食柠条，对其牧草的缺乏给予了弥补，所以，日采食量在10月2—15日达到最大。

表12-2　试验期间主要降雨情况记录

日期 （月.日）	天气	日期 （月.日）	天气	日期 （月.日）	天气
5.26—5.27	小雨	8.7	雷雨	9.17	阵雨
6.25	阵雨	8.20	阵雨	10.10—10.13	小雨
6.29—6.30	小雨	8.21	小雨		
7.1—7.9	阵雨频繁	8.23	小雨		
7.11	小雨	8.25	小雨		
7.13	小雨	8.28	小雨	8.8立秋	
7.15—7.16	小阵雨	8.29	小到中雨	9.8白露	
7.22	雷雨	8.31	小雨（土壤湿50cm）		
7.25—8.5	小到中雨断断续续 （土壤湿30cm）	9.3	小雨		

12.3.2　不同放牧强度下滩羊体重的变化

羊只活重与其生产性能有着密切的关系，羊只活重的增减是其对放牧草地利用状况的一种真实反映。从表12-3可以看出，不同放牧强度下，5月29日到10月2日，滩羊体重差异不显著（$P>0.05$），但在10月16日称重时，不同放牧强度之间滩羊体重出现了分化，0.450只/hm²与1.500只/hm²相比，差异显著（$P<0.05$），但其他处理间差异不显著（$P>0.05$）。

表12-3 不同放牧强度滩羊体重的变化

（单位：kg）

处理	放牧强度（只/hm²）	日期（月.日）											
		5.29	6.12	6.26	7.10	7.24	8.7	8.21	9.4	9.18	10.2	10.16	10.30
E	0.450	32.67a± 2.75	33.00a± 2.78	36.00a± 2.50	36.50a± 3.50	38.00a± 3.91	39.83a± 4.54	43.00a± 4.00	44.67a± 4.04	45.50a± 5.89	47.33a± 6.11	47.83a± 5.13	48.67a± 6.53
D	0.600	32.00a± 0.91	32.75a± 1.32	35.75a± 1.71	37.50a± 1.87	38.38a± 1.84	38.75a± 2.22	40.75a± 3.48	41.38a± 2.06	42.50a± 2.04	43.50a± 2.94	44.63ab± 3.09	45.75ab± 2.96
C	0.750	32.10a± 2.16	32.10a± 3.51	34.20a± 2.86	34.74a± 3.28	35.80a± 3.03	37.00a± 3.82	38.30a± 4.37	40.70a± 4.91	41.60a± 4.25	41.84a± 3.50	44.20ab± 4.97	44.50ab± 4.72
B	1.050	31.57a± 4.14	31.79a± 4.79	33.00a± 5.35	33.43a± 6.72	34.00a± 7.34	34.50a± 6.73	36.79a± 7.30	38.64a± 7.08	40.00a± 7.22	41.29a± 6.27	42.76ab± 7.14	43.00ab± 7.99
A	1.500	30.95a± 2.28	30.95a± 2.85	31.70a± 4.54	32.00a± 4.93	32.80a± 5.39	33.3a± 5.57	35.90a± 5.67	36.85a± 5.86	39.00a± 6.31	38.80a± 5.97	38.85b± 5.84	38.75b± 6.00

注：同列字母相同者，表示差异不显著（$P>0.05$）；字母相邻者，表示差异显著（$P<0.05$）。

出现以上现象的原因很多，但主要原因是：①放牧地本身是一种很复杂的生态系统，它对外界的反应有一种自我调节、修复和缓冲的机制，当外界压力未超过一定的阈值范围时，草场只表现为牧草产量的暂时下降，当外界压力减轻或消失及其他条件适合时，又很快得以恢复，如放牧强度轻或放牧强度重但作用时间短，或放牧强度重，且作用时间较长，但雨水较多时。这些情况下，都能掩盖放牧强度的真正的影响程度。2003年，从5月26日计，到9月8日，共下雨20次（一连下几天也为一次）（表12-2）。其中，6月30日到8月5日这段时间的降雨次数占45%，且在7月25日到8月5日之间断断续续降了小到中雨，渗进土壤30cm之多。阴雨连绵的天气使夏季的高温有所缓解。8月8日立秋以后，早晚气温变得凉爽，8月25日到8月30日又降了小到中雨，渗进土壤50cm左右。9月8日白露以后植物开始死亡，到这时，上述条件都不具备了，所以，在10月2日以后体重开始出现分化。②滩羊是高度择食性的家畜，当放牧强度较轻时，草场状况较好，滩羊可以在较短的时间内获得重放牧强度下滩羊所能采食到的牧草。观察发现，放牧强度较高时，地面羊蹄痕迹密布，牧草生长状况较差，降低了滩羊的每口采食量，家畜则增加采食速度或延长采食时间，以便获得足够的食物。然而，滩羊每采食1h每千克体重要消耗0.54kcal的热能（韩国栋，1993）；增加采食速度，相应地增加了颌的运动，故引起食后体增热的增加，这些都降低了能量的积累，进而影响了体重。③滩羊妊娠与否和妊娠的阶段也影响体重。在10月以后，从羊只腹部的变化观察，以及抓抱羊只称体重时的触摸，发现1.500只/hm²的处理组有羊只没有妊娠或者刚妊娠，0.450只/hm²的处理组羊只已全部妊娠。

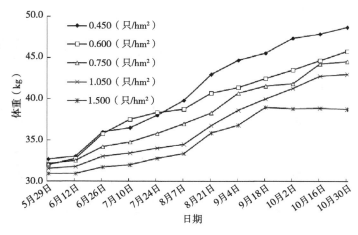

图12-2　不同放牧强度下滩羊体重的变化

从图12-2看，不同放牧强度下（除了1.500只/hm²的一组外），整个放牧期间，羊只平均体重总体上都呈直线上升的趋势，尤其是9月以后，秋高气爽，羊只代谢较低，超量采食体重增加得更快。放牧强度1.500只/hm²的滩羊体重在9月18日以后几乎没有增加，且略有下降，这显然是饲草不足的原因。

12.3.3　不同放牧强度下滩羊日增重的变化

由图12-3可以看出，不同放牧强度下，各处理组平均日增重变化的总趋势也基本相同，一般都有3个日增重较明显的峰值，只是出现的时间、持续时间长短和峰值大小随放牧强度的不同而有一定的差异。第一个日增重峰值都出现在6月12—26日，但是，0.450只/hm²、0.600只/hm²两处理组的峰值明显高于其他3组，0.600只/hm²处理组峰值持续时间长。第二个日增重峰值，0.450只/hm²、0.600只/hm²、1.050只/hm²和1.500只/hm²处理组都出现在8月7—21日，0.450只/hm²的峰值明显高于其他3组，且峰值持续时间较长，0.750只/hm²的日增重峰值的出现存在"滞后"现象，出现在8月12日至9月4日。第三个日增重峰值出现的时间不一，1.500只/hm²组的第三个日增重峰值的出现早于其他各组，出现在9月4—18日，之后增重下降，且出现了负增重；0.450只/hm²、0.750只/hm²组的第三个日增重峰值分别出现在9月18日至10月2日和10月2—16日；1.050只/hm²和0.600只/hm²的第三个日增重峰值不明显。

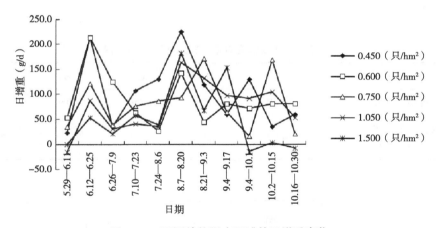

图12-3　不同放牧强度下滩羊日增重变化

上述现象发生的原因主要是：①一年冷季滩羊舍饲时采食干草，5月29日开始放牧采食到青绿牧草，还要有个适应过程，所以，5月29日至6月12日期间，日增重都较小。第二区放牧时（6月12—26日），牧草生长速度、强度较高，滩羊也彻底适应了舍饲向放牧的过渡，于是表现为"补偿性增长现象"（许振英等，1978；Lvey，1971；Mckay，1971），但因此时牧草产量仍然不是很高，当放牧强度轻的组出现较大的增重时，放牧强度重的组则往往出现了"抢青"现象，因而日增重较低。②8月7—21日，从总体看，各放牧强度下，滩羊日增重的幅度大于6月12—26日的增重幅度，是因为立秋后，早晚气温变得较凉爽，并且此次放牧的小区7月10

轮牧结束后到8月7日这段时间，降雨较多，牧草产量较高，于是滩羊采食量较高，增重较快。③放牧强度为1.500只/hm²的滩羊，9月开始集中采食柠条，所以其第三个日增重峰值比其他各组出现得早。当9月18日之后柠条的叶由于霜杀，大部分脱落，可食部分减少，草畜平衡失调，所以紧接着出现了日增重的下降。

另外，各处理组羊只日增重峰值达到最大或较大之后，紧接着都出现日增重的下降，A组甚至出现负增重。这种现象出现的原因可能与轮牧期间牧草产量和营养物质的变化、气候因素的变化及滩羊本身的生理机能等有关，有待于进一步研究。

12.3.4　不同放牧强度下饲料报酬的总体评价

草地第二生产力为单位面积草地生产的可利用畜产品数量。这里以滩羊增重1kg所消耗的牧草（千克数）为一个畜产品单位（简称APU），畜产品单位是草地第二生产力的衡量指标。试验表明（表12-4、图12-4），增大放牧强度，可以提高草地第二生产力，当放牧强度从0.450只/hm²上升到0.600只/hm²时，料重比从19.97下降到19.31，但超过0.600只/hm²，草地第二生产力随放牧强度的增大开始下降，当放牧强度从0.600只/hm²增加到1.500只/hm²时，料重比从19.31增加到28.80，增加了9.49。

表12-4　放牧强度对草地第二生产力的影响

处理	E	D	C	B	A
放牧强度（只/hm²）	0.450	0.600	0.750	1.050	1.500
饲料报酬（APU）（料/重）	19.97	19.31	19.95	20.41	28.80

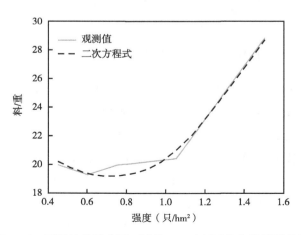

图12-4　不同放牧强度下，滩羊APU（料重比）的模拟曲线

随着放牧强度的增大，APU先增大后减小，是因为放牧强度轻时，牧草利用不充分，老化后羊只虽然采食，但是消化利用不高，导致APU较低；而放牧强度重时，牧草的生长量不能满足滩羊的生产甚至维持需要，所以APU又较低。

12.3.5　不同放牧强度下饲料报酬的动态变化

再从料重比的变化动态图（图12-5）来看，各放牧强度下，料重比都是随着时间的推移先降低后升高，放牧强度为1.500只/hm²、1.050只/hm²和0.750只/hm²的处理组在9月18日料重比达到最小值，而放牧强度为0.600只/hm²和0.450只/hm²的处理组，料重比在8月21日左右就达到最小值，且从7月10开始变化曲线就变得较平缓。

APU先增大后减小，是因为在一年当中，牧草质量、数量也是随着时间的推移先增大后降低。而1.050只/hm²和1.500只/hm²两处理在9月18日时APU达最大值，且在此之前，APU总是低于其他3个处理，是因为随着时间的推移，草地牧草供应虽然有所增大，但是采食量仍然不能满足每只羊充分发挥其生产需要的所求，增重较少。0.600只/hm²和0.450只/hm²的处理组，APU曲线在7月10日以后就变得比较平缓，那是因为草地牧草产量在7月10日以后，就基本能满足滩羊的维持和生产需要了，而在APU达到最高（8月21日）之后又开始降低，是因为这时已立秋，牧草生长变慢，滩羊主要采食在此之前剩余的牧草，而剩余牧草逐渐开始老化或者已经老化，消化率不高，导致APU降低。所以，在草地生产过程中，也应考虑依据不同放牧时期的牧草产量和质量确定适宜的放牧强度，来有效利用草地、提高草地第二生产力。如2003年，从牧草返青到6月，与往年同期相比，地温低了很多，牧草生长速度慢，刚开始放牧时，应该采用低强度使用，如5月29日至7月24日，这一段时间可以采用的放牧强度是0.450只/hm²，以后随着气温、地温的好转和正常，牧草生长速度加快，逐渐地增大放牧强度，如7月24日至9月4日，这一段时间可以采用的放牧强度是0.600只/hm²，9月4—18日这一段时间采用的放牧强度可以为0.750只/hm²，当牧草生长速度又开始降低时，再采取低的放牧强度，9月18日以后，再度将放牧强度减小到0.600只/hm²或0.450只/hm²。当然，这个时间阶段可以根据降雨、气温、地温对牧草生长的影响而灵活变动，但是，在某一地区，年降水量，年积温等不会有大的变动，所以，从饲料报酬这个角度考虑，要想使盐池四墩子这样的荒漠草原得到永续利用，放牧强度不应超过0.750只/hm²。

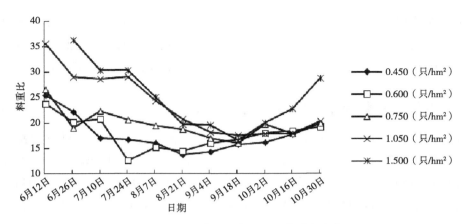

图12-5　不同放牧强度下APU的动态变化

12.3.6　不同放牧强度下滩羊的发病情况

　　整个试验期间，放牧强度为1.050只/hm²的处理组，有2只羊（原15号后补为39号，原9号后补为37号）相继死掉，死亡日期分别为6月22日和7月6日，经兽医鉴定死亡原因为中毒而死，这不是羊只因饿采食了毒草，而是每天羊只赶往试验地的途中要经过一些农户家，他们的院子周围都有毒老鼠的药。另外，放牧强度为1.500只/hm²的处理组，10号羊只在7月9日发病，兽医诊断为体弱和消化不良。而其他各放牧强度组都未出现发病的情况。当时，从整个羊群的精神状况来看，放牧强度为1.500只/hm²的处理组，滩羊是零散地分布在其放牧小区内吃草和休息，其群居性的习性表现得不再明显，吃草时间比其他各处理组明显延长。农户说，前些年没有禁牧时，放牧后，羊只从来没发过病。所以可以认为，放牧强度重，再加上当时天气热，蚊蝇骚扰等，滩羊摄取的牧草量不足或质量不高，导致滩羊营养不足，是造成该组10号羊只发病的主要原因。

12.3.7　放牧强度对滩羊繁殖性能的影响

　　由表12-5可以看出，不同放牧强度下，滩羊的流、死产率都为0；羔羊的初生重，各放牧强度间差异不显著（$P>0.05$），说明放牧强度不影响羔羊的初生重；空怀率，放牧强度为0.450只/hm²、0.600只/hm²、0.750只/hm²时相等，都为0%，放牧强度为1.050只/hm²时为14.29%，放牧强度为1.500只/hm²时为30%，也就是说当放牧强度增大到1.050只/hm²时空怀率开始上升；产羔率（截至2004年3月11日），也是在放牧强度为0.450只/hm²、0.600只/hm²、0.750只/hm²时相等，为100%，而放牧强度为1.050只/hm²和1.500只/hm²的分别为57.14%，40%，即当放牧强度增大到1.050只/hm²时，滩羊的产羔率开始下降。同时，也存在，放牧强度为1.500只/hm²和1.050只/hm²的处理组，还分别有30%和28.57%羊只怀孕但仍未产羔，也就是说，放牧强度增大到1.050只/hm²以后，滩羊的产羔时间也开始延迟。

表12-5　滩羊繁殖性能情况

处理	放牧强度（只/hm²）	流、死产率（%）	空怀率（%）	产羔率（%）	羔羊平均初生重（kg）
E	0.450	0	0	100	4.6[a]
D	0.600	0	0	100	5.0[a]
C	0.750	0	0	100	4.6[a]
B	1.050	0	14.29	57.14	4.3[a]
A	1.500	0	30	40	4.6[a]

放牧强度增大到1.050时，滩羊的空怀率开始上升，产羔率开始下降，究其原因，主要有：第一，由于放牧强度的增大，滩羊采食量减少，营养供应不足，摄取的能量主要用于自身维持需要。放牧强度与空怀率和产羔率之间分别存在着这样的回归关系：$Y=-18.10+30.98X$（$r=0.97^{**}$），$Y=136.50-65.68X$（$r=-0.95^*$）。第二，虽然放牧强度与空怀率之间存在着强的正相关，和产羔率之间存在着强的负相关。但是试验期间，试验羊只仍采用自然交配，且只能在晚上将种公羊圈入其中，有可能使发情母羊错过了适宜的配种时间。

产羔时间延迟，主要也与高的放牧强度下，滩羊的自身营养和试验条件下，滩羊的配种有关。

12.4　结论

滩羊的采食量随着放牧强度的加重而降低，采食量与放牧强度之间的回归方程为：$Y=2.04-0.54X$（$r=-0.92^*$）。同一放牧强度下，在不同的放牧时期，滩羊的采食量变化较大，随着放牧时间的推移，采食量逐渐增大，而后又下降。放牧强度为1.500和1.050的滩羊在整个放牧过程中日采食量呈明显的周期性波动，表明这两种强度下滩羊对草地依赖性很大。

不同放牧强度下，滩羊的体重随着时间的推移总体上都呈增加的趋势。在5月29日至10月1日，不同处理间滩羊的体重变化差异不显著，10月1日之后体重出现了分化。滩羊体重变化模式从整个放牧过程来看，因强度不同而有所不同，放牧强度为0.450只/hm²、0.600只/hm²、0.750只/hm²和1.050只/hm²的滩羊，体重变化存在5个阶段（慢—快—慢—快—慢），只是变化幅度有些不同：5月29日至6月12

日，体重增加不大；6月12—26日出现了体重的快速增长；紧接着体重增加又都变的平缓；8月7日后，体重增加再次增大；但是放牧快结束时增加趋势又有所降低。放牧强度1.500只/hm²的滩羊体重变化可分为4个阶段，5月29日至6月12日，体重变化不大；6月12日至8月7日增重平缓；8月7日至9月18日增重较快；以后体重几乎没有增加，且略有下降。

不同放牧强度下，滩羊日增重峰值的大小、出现的日期和持续的时间有所差异，强度高的处理组日增重峰值低于强度低的处理组。并且，各处理羊只日增重峰值达到最大或较大之后，紧接着都出现日增重的下降，甚至出现负增重。

个体增重，放牧强度为0.450只/hm²的处理与放牧强度为1.500只/hm²的处理间差异显著（$P<0.05$），其他各处理组之间差异不显著（$P>0.05$），滩羊的个体增重随着放牧强度的增大而降低，即个体增重与放牧强度之间存在着负相关，回归方程为：$Ga=18.48-7.01G$（$r=-0.97^{**}$）；公顷增重，各放牧强度组之间差异均不显著（$P>0.05$），但公顷增重开始随着放牧强度的增大而增大，达到最大值后则随着放牧的增大而下降，公顷增重与放牧强度之间的回归方程为：$Gh=0.31+17.60G-6.60G^2$（$r=0.87^*$）。

随着放牧强度的增大，APU先增大后减小。在同一放牧强度下，APU随着时间的推移先升高后降低，但是放牧强度为1.500只/hm²、1.050只/hm²和0.750只/hm²的处理组在9月18日APU达到最大值，而放牧强度为0.600只/hm²和0.450只/hm²的处理组，APU在8月21日左右就达到最大值。

放牧强度为1.500只/hm²的处理，由于滩羊采食量低，加之夏季温度高，滩羊出现发病的情况。

放牧强度不会引起滩羊的流产、死产，也不会影响羔羊的初生重，当放牧强度增大到1.050只/hm²时，滩羊的空怀率开始上升，产羔率开始下降，同时也存在，放牧强度增大到1.050只/hm²时，滩羊的产羔时间也开始延迟。放牧强度与空怀率和产羔率之间分别存在着这样的回归关系：$Y=-18.10+30.98X$（$r=0.97^{**}$），$Y=136.50-65.68X$（$r=-0.95^*$）。

13 荒漠化草原滩羊放牧与管理研究

北方草地形成于百万年前，面积巨大，利用历史超过三四千年，但直到近40年才出现大面积的退化，这与人为活动增强密切相关，其原因有过牧、采樵、挖药、滥垦、重刈、开矿等，但过度放牧是造成北方草地退化的主要原因。如内蒙古自治区，1947年每只绵羊单位占有草场4.1hm²，利用强度甚低，至1965年平均每只绵羊单位仅占有草场0.97hm²，已超过天然草场的负荷能力。实际上，草地因放牧而造成的退化是一种全球普遍现象。据Oldeman等人估计，全球退化土地面积中的34.5%都是由于过度放牧引起的，尤其是在广大的干旱、半干旱区草地上，情况更为严重，干旱半干旱区草地占全球草地牧场面积的80%以上。草地因放牧过度而造成的退化之所以成为一种全球普遍现象，有着复杂的社会经济原因，但摆在人们面前的问题——确定草地适宜放牧强度、载畜量是长久以来一直面对的草地利用的核心问题。长期以来，基于生产力/经济学框架下的草地载畜量概念在指导草地畜牧业中发挥着重要作用，即以草地牧草产量及承载家畜数量为核心，并不考虑由此而引起的草地生态系统的破坏效应。目前已有草地科学家对其提出了批评和质疑，尤其是对于干旱半干旱区草地载畜量的计算问题。

通常情况下，载畜量的确定都是遵循着"牧草可采食率→牧草可采食量→载畜量"的基本思路，其中牧草可采食率和可采食量的确定是关键所在。在实际工作中，往往以牧草总量的50%～70%的某个比率，或者一般地以50%作为牧草的可利用率。这完全忽略了草地利用率受气候、季节、地形等的影响时只能达到20%～40%的事实。Evans（1998）发现草地还有足够的牧草来供养所放牧的牲畜（牲畜数量并未超过牧草所能承载的载畜量），但这些牲畜的放牧已经在坡地草场上产生了许多土壤裸露斑块（牲畜数量已经超过了防止土壤侵蚀意义下的载畜量），由此可见仅仅以草地牧草为基本出发点，以牧草的供需平衡为核心的载畜量确定方法值得商榷，尤其是在生态脆弱的干旱半干旱荒漠草地上。

随着人们对生态环境的日益重视，草地退化日益严重，草地践踏强度试验等研究的开展，各地都采取各种措施恢复、重建草地生态系统。2003年5月，宁夏回族自治区政府采取全区禁牧措施，以期使草地可持续利用。但草地围栏不能围而不用，为了解决围栏后重新利用的问题，2001年5月在盐池四敦子村选取典型荒漠草地地段进行草地围栏，2003年5—10月展开本次试验。目前，关于宁夏滩羊放牧系统的研究已有较多成果，但都集中在滩羊品种培育、生产性能提高、畜群结构优化等方面，只有少数专门针对滩羊放牧系统进行适宜放牧强度、放牧制度的研究，所以对宁夏滩羊放牧系统适宜放牧强度进行研究就显得十分必要。在进行草地围栏之前，盐池四敦子村草地以放牧滩羊为主要利用方式，草地羊只蹄印明显，表层土壤破碎，有水蚀、风蚀痕迹、枯枝落叶稀少、植被稀疏等特征，明显呈现出过度放牧且草地退化加剧特征。通过本次试验，试图从生态的角度进行滩羊放牧强度试验，观测草地现存量、滩羊采食量等指标，确定宁夏荒漠草地适宜利用率、合理放牧强度，进行滩羊放牧系统草畜平衡性研究，为宁夏滩羊放牧系统做到生态学意义的草畜平衡提供理论依据和技术支持。

13.1　试验设计与方法

13.1.1　试验设计与围栏布置

本试验采用单因素多处理试验设计。本次放牧试验滩羊放牧强度根据家畜单位法（在草地面积一定，放牧天数相同条件下，用放牧羊只头数来控制不同的放牧强度）进行设定（表13-1）。

表13-1　放牧强度试验设计

Table 13-1　Experimental design for gazing intensity

组别 Group	放牧所在围栏 Inclosure land of grazing	放牧强度（只/hm²） Grazing intensity（sheep/hm²）	放牧滩羊数（只） The count of grazing sheep （sheep）
第一组	A	1.500	10
第二组	B	1.050	7
第三组	C	0.750	5
第四组	D	0.600	4
第五组	E	0.450	3
第六组	CK	0.000	0

本次试验自2003年5月24日至6月1日进行为期7d的预试试验，6月1日至10月30日为正试验。整个放牧期间，对各放牧强度组羊只进行三区轮牧，最初放牧时间为12d，以减轻牧草初期生长压力，其余围栏区放牧14d。羊只早晨9：00出牧，下午6：00归牧，归牧后在牧主家自由饮水，晚上放入试情公羊，避免羊只的空怀，利于羊只发情情况的观察。

13.1.2　试验动物的选择

租用农户家体重相近，健康无病的2龄（口齿判别为"四牙"）滩羊母羊作为试验羊只。试验前对其进行编号（打耳标）、药浴（磷氮乳油）和驱虫（丙硫咪唑），随机分组，E、D、C、B、A各处理组滩羊平均体重分别为（30.95±2.28）kg、（31.57±4.14）kg、（32.10±2.16）kg、（32.00±0.91）kg、（32.67±2.75）kg，经方差分析组间羊只体重差异不显著（$P>0.05$）。

13.1.3　数据测定与分析

13.1.3.1　现存量

分别对不同放牧强度下的3个轮牧小区采用收获法，齐地面剪取样方内植株的地上部分，分种称重（数量极少的可按禾本科、豆科、灌木、杂类草称重），3次重复。最后求3个轮牧小区草地现存量均值作为本次试验数据统计的现存量。每次数据于更换围栏前后测定。

13.1.3.2　滩羊采食量

采用单口采食法。即在观察滩羊全天采食的情况下，在稳定采食时，观察不同轮牧强度处理组特定滩羊单位时间内采食口数（每个轮牧期内随机连续观测3d，每天随机选取采食时段，测定10次，每次5min）（为了不干扰滩羊正常的采食，利用望远镜进行观察），然后根据全天采食时间计算采食口数；同时观察滩羊采食的植物种类、部位及留茬高度，然后在滩羊采食过的地段上模拟滩羊的采食情况，用手摘取牧草200次，称出各种牧草的重量，计算出单口采食量，并利用公式：日采食量=全天采食时间（min）×采食速度（口/min）×单口采食量（g/口），其中采食速度（口/min）=采食口数/采食时间；单口采食量（g/口）=采食牧草重量/采食口数；百口采食量（g/100口）=单口采食量×100，计算出日采食量，每百口采食量及采食速度。

采食率计算方式如下：

$$采食率（\%）= \frac{滩羊采食量}{现存量 + 滩羊采食量} \times 100$$

13.2 数据分析

采用Excel 2003进行数据初步输入与均值统计。采用SPSS 10.0 Linear Regression模块进行滩羊日采食量与放牧强度的相关、回归分析；同时选取SPSS 10.0 One-way ANOVA 的Post Hoc Multiple Comparisons模块，采用LSD法进行滩羊体重、草地现存量、滩羊平均采食率的统计。采用Origin Pro 7.0软件进行制图。

13.3 结果与分析

13.3.1 不同放牧强度下草地现存量动态分析

由表13-2可知，5月24日不同放牧强度下草地现存量组间差异不显著（$P>0.05$）。对照组（CK）草地现存量呈现双峰变化，且在整个放牧季，CK草地现存量大小变化较小。处理A、B、C草地现存量与CK变化规律相似，均呈现双峰变化。但处理A草地现存量初峰值（511.99kg/hm²）、最大值（986.82kg/hm²）均较CK早14d；处理B、C草地现存量初峰值则较CK早28d，且处理B在初峰出现时草地现存量即达到了整个放牧季最大值（747.77kg/hm²），而并非出现在8月和9月。另外，处理C草地现存量最大值（1 011.84kg/hm²）较CK草地现存量最大值（890.80kg/hm²）提前了42d。然而处理D、E草地现存量峰值出现较为频繁，分别出现了3次、4次，呈多峰变化。由此可见，放牧强度对试验区荒漠草地现存量峰值的出现时间及出现次数有明显影响。

13.3.2 不同放牧强度下滩羊的采食量动态分析

由图13-1可知，在整个放牧季，不同放牧强度下滩羊的日采食量，均先增加后减少，且不同放牧强度下滩羊日采食量的大小顺序是：处理E>D>C>B>A，经相关分析表明滩羊日采食量与放牧强度呈负相关，其回归方程为：$Y=2.04-0.54X$（$R^2=-0.85$，$n=55$）。其中，处理A、B滩羊日采食量在整个放牧过程呈现明显的周期性波动，呈现"增大—降低—增大—降低"变化规律。而处理C、D、E滩羊日采食量从正牧期开始逐渐增大，至10月1日出现明显的峰值。在整个放牧季，不同放牧强度下滩羊平均日采食量存在差异，处理E滩羊采食量为1.94[kg/（只·d）]，比处理D1.67[kg/（只·d）]、C1.52[kg/（只·d）]、B1.43[kg/（只·d）]高，差异显著（$P<0.05$）；处理E与处理A滩羊日采食量差异极显著（$P<0.01$），处理D与处理A滩羊日采食量差异显著（$P<0.05$），其他各处理组间差异不显著（$P>0.05$）。总体表现为，随放牧强度增加，滩羊日采食量降低。

表13-2 不同放牧强度下草地牧草现存量

Table 13-2 The standing crop in different grazing intensities

（干重，单位：kg/hm²）

轮牧强度 Grazing intensity （sheep/hm²）	日期（月.日） Time（Month. Date）																	
	5.24	6.1	6.12	6.26	7.10	7.24	8.6	8.20	9.3	9.17	10.1	10.15	10.29
1.500	353.84±14.02a	438.22	250.04	511.99	382.76	437.27	465.78	538.80	986.82	239.05	170.86	92.11	174.66
1.050	386.53±48.15a	653.88	747.77	634.62	512.77	534.29	445.00	423.91	498.09	548.78	306.78	151.83	101.07
0.750	351.94±43.41a	407.20	485.62	485.18	627.05	773.47	1 011.84	1 009.93	696.30	761.54	591.50	238.94	284.26
0.650	376.86±44.14a	531.05	1081.95	556.96	538.99	736.02	846.03	778.17	917.61	1 022.69	824.58	231.31	269.34
0.450	374.19±10.54a	489.65	797.58	531.73	788.60	867.14	1147.01	831.67	1 101.72	923.34	1 008.82	356.72	511.08
CK	368.42±32.41a	504.80	328.12	301.23	537.78	494.03	494.74	560.29	807.64	890.80	503.82	52.50	250.38

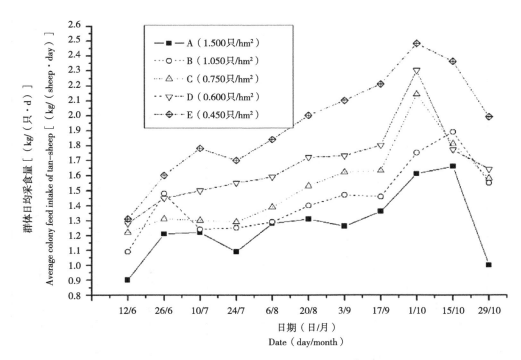

图13-1　不同放牧强度下滩羊群体日均采食量动态

Figure 13-1　The dynamic change of average colony feed intake of Tan-sheep on different grazing intensities

13.3.3　不同放牧强度下滩羊采食率动态分析

由表13-3可知，不同放牧强度下，滩羊采食率在整个放牧季波动明显，呈单峰变化趋势，除处理B外（10月30日），其峰值均于10月15日出现，随后采食率迅速下降。这可能是随着天气变冷，草地牧草开始枯死，青绿牧草被大量采食，使采食率达最大。随着天气变冷可被采食的牧草减少，不足以满足滩羊采食需要，进而采食部分柠条嫩枝，故采食率又很快下降。其中处理A、B滩羊采食率明显高于处理C、D和E，同时处理C、D和E滩羊采食率在放牧早期和后期发生分异，其他放牧时间采食率分异不明显。

处理A滩羊采食率在放牧初期为17.54%，至放牧末期达到最大53.42%，较其他时间采食率高，而这两个时期正是牧草生长危机期，对草地的持续利用有潜在威胁。对整个放牧季内各处理间滩羊平均采食率进行多重比较发现处理A、B间差异不显著（$P>0.05$），处理A与处理C、D间差异显著（$P<0.05$），处理A与处理E间差异极显著（$P<0.01$）。在本次试验过程中发现，处理A、B滩羊采食率虽然最大仅为53.42%，但草地在景观上明显异于其他处理，草地植被明显稀疏、土壤裸露、践踏严重。

表13-3　不同放牧强度下滩羊采食率（单位：%）

Table 13-3　The grazing ratio of Tan-sheep in different grazing intensities

轮牧强度（只/hm²）Grazing intensity（sheep/hm²）	日期（月.日）Time（Month. Date）											平均采食率*Equal grazing ratio
	6.12	6.26	7.10	7.24	8.6	8.20	9.3	9.17	10.1	10.15	10.29	
1.500	17.54	13.07	16.86	13.69	14.88	12.56	7.02	26.58	37.49	53.42	26.70	21.80 ± 13.52[A]
1.050	5.69	9.41	9.72	9.44	11.44	12.02	10.88	10.60	20.26	35.67	40.59	15.97 ± 11.55[AB]
0.750	6.91	7.91	6.19	5.04	4.19	4.28	6.43	6.38	10.32	19.42	15.03	8.37 ± 4.80[BC]
0.650	2.72	6.22	6.62	5.09	4.57	4.96	4.27	4.29	6.63	16.30	13.42	6.82 ± 4.18[BC]
0.450	2.83	5.43	4.13	3.61	2.97	4.09	3.27	4.37	4.48	11.21	6.92	4.85 ± 2.14[C]

*同列字母相同者，差异不显著（$P>0.05$）；字母相邻者，差异显著（$P<0.05$）；字母相间者，差异极显著（$P>0.01$）

13.3.4　滩羊放牧系统草畜平衡性分析

图13-5阴影面积表示草地现存量，虚线表示围栏内所有滩羊采食量大小动态。由图13-5草地牧草现存量与滩羊采食量供求关系可以看出，在整个放牧季不同放牧强度下草地牧草均有剩余。10月15日，处理A草地现存量最小，为92.11kg/hm²（表13-2），滩羊群体采食量90.55kg/hm²，利用率为53.42%（表13-3），达到本次试验草地最大利用率，同时处理C、D、E也达到草地最大利用率。而处理B草地最大利用率于10月29日，比其他处理延迟14d出现。

由图13-2可以看出，表面上似乎是草地牧草有大量剩余，草地呈现利用不足，放牧过轻现象。实际上，在试验过程中发现草地植被已因放牧而受到很大干扰，其中处理A草地滩羊践踏足迹密集，甚至出现羊只行走出的"小路"，土壤裸露严重，草地植被低矮、稀疏，在景观上明显异于其他处理，和对照在景观上差距极为明显。处理B草地受破坏程度相对较小，其他各放牧围栏内草地均有不同程度影响。出现图13-2看似草地牧草被"浪费"的原因是：一部分因践踏而破坏，不能被滩羊采食；一部分因羊只粪便、尿液气味影响而不被采食；一部分牧草适口性差，饲用价值低，滩羊很少采食[如沙芦草（*Agropyron mongolicum* Keng.）、柠条（*Caragana Korshinskii* Kom.）]或不采食[如猪毛蒿（*Artemisia scoparia* Waldst. et Kit.）]。整个放牧季，处理A滩羊平均采食率为21.80%，但远小于传统认为"吃一半留一半"即50%的适宜草地利用率，由此可见在宁夏荒漠草地不能简单地把采食率等同于利用率，而要充分考虑放牧草地对草地的破坏作用。

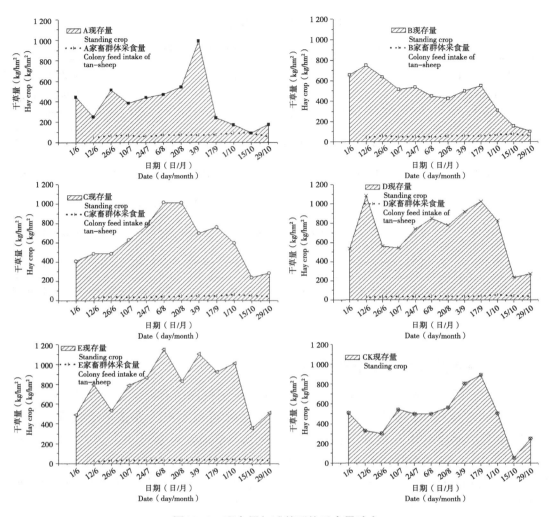

图13-2　现存量与滩羊群体采食量动态

Figure 13-2　The dynamic of grazing crop and colony feed intake of Tan-sheep

13.4　结论

在整个放牧季，对照组较放牧组草地现存量振幅较小，在部分时段较放牧处理草地现存量低，这可能与放牧可促使牧草补偿性生长有关。在试验过程中发现各放牧处理组草地现存量初次峰值较对照均提前，由此可见放牧扰动对草地现存量峰值出现时间。放牧处理A、B、C草地现存量在整个放牧季各出现两次峰值，而处理D、E草地现存量均出现了多峰值，这可能是由于放牧扰动及试验过程中降雨共同作用的结果。这是因伴随着每次降水，草地一年生牧草[如狗尾草（*Setaria viridis*（L.）Beauv.）]快速生长，出现峰值，随放牧强度减小，草地现存量受降水影响增大，草地现存量峰值伴随着降水的出现而出现。

在整个放牧季，滩羊采食量不断波动上升，至10月1日出现明显的峰值，这是因5月29日至7月9日，这段时间是牧草返青后生长最快的时期，以及轮牧给牧草以恢复生机、繁殖再生的机会，并且在6月26日至7月9日禾本科[如沙卢草（*Agropyron mongolicum* Keng.）等]牧草种子开始成熟，以及进入雨季牧草长势增加，牧草适口性增加等原因，滩羊的日采食量逐渐增加，至10月1日达到采食量最大，这可能与豆科、藜科等牧草种子完熟有关，即生产上的"抓膘期"。另外，在放牧强度为1.500（只/hm²）、1.050（只/hm²）时，滩羊最大采食量比其他放牧处理组延迟14d，这是因草地牧草始终不能满足其采食需要，至降霜后草地柠条（*Caragana Korshinskii* Kom.）苦味降低而大量采食达到采食量最大的结果。

在生产中，草地利用率很难直接测量，我们常认为在适度放牧情况下"采食率=利用率"。在试验过程中发现，本次试验地平均草地利用最高仅为21.80%，远低于我们常用来衡量草地合理利用的标准——"吃一半，留一半"。但事实上，在本次试验过程中，当草地平均利用达到21.80%时，草地已经明显出现放牧扰动痕迹，这可能是因为本次试验是在位于农牧交错带的荒漠草地上进行的。据滩羊放牧系统草畜平衡性分析发现，不能仅依靠草地现存量去确定草地载畜量，这往往会被草地现存量"过剩"的假象所迷惑，造成草地超载，进而导致草地放牧利用性破坏、退化，而还应考虑草地植被景观、土壤被践踏程度等方面，即从生态学的角度来考虑并最终确定特定类型草地适宜的放牧强度及载畜量。由此可见，对不同类型的草地应该探索与其相适应的放牧强度及适宜的草地利用率，进而制定相应的管理措施，而不应以"拿来主义"的做法，简单地拿其他地区试验研究结果去指导当地的生产实践。如果这样，实现草地资源可持续利用的目标将与我们的行动背道而驰。

随放牧强度减小，草地现存量波动明显，放牧影响作用逐渐减弱，降水影响增大，草地现存量峰值往往伴随降水的出现而出现。

滩羊日采食量与放牧强度呈负相关，其回归方程为：$Y=2.04-0.54X$（$R^2=-0.85$）。在整个放牧季，滩羊采食量整体呈现先增加后减少趋势，同时具有周期波动特性，且在放牧前期和后期波动更为明显。

滩羊采食率在整个放牧季波动明显，呈单峰变化趋势。根据适度放牧情况下"采食率=利用率"以及权衡生产及草地生态保护及可持续利用，可初步确定宁夏滩羊放牧系统草地适宜利用率为10%~15%。

⑭ 荒漠草原生态系统能值分析与展望

14.1 研究区概况与研究内容

14.1.1 地理位置及气候状况

宁夏盐池县位于宁夏回族自治区东部，地处陕西、甘肃、宁夏、内蒙古4省区交界处，东至陕西省定边县，南接甘肃省环县，西毗本区灵武市、同心县，北邻内蒙古自治区鄂托克前旗，与毛乌素沙漠毗邻。地理坐标介于东经106°30′~107°47′，北纬37°04′~38°10′，平均海拔1 600m。

盐池县辖3镇5个乡，99个行政村和679个自然村，总面积为7 130km²，其中耕地面积$6 \times 10^4 hm^2$，占全县总面积的8.4%，草原面积为55.69万hm²，占全县总面积的64.3%，其中，沙化草原面积为$2.87 \times 10^5 hm^2$。盐池县气候属中温带大陆性季风气候，年平均降水量北部为296.4mm，南部为355.1mm，变异系数分别为35.26%和28%，7—9月的降水量占全年降水量的60%~70%，冬春少雨雪；蒸发量高达2 710mm；太阳辐射量$5.822 \times 10^5 J/(cm^2 \cdot 年)$；年平均气温北部为7.7℃，南部为6.7℃，1月平均气温−8.9℃，7月平均气温22.5℃，绝对最低和最高气温分别为−29.6℃和38.1℃；无霜期140d（绝对无霜期120d）；全年5m/s扬沙风32场次，其中沙尘暴37场次，是全国沙化最严重的县之一。盐池县大多数土壤为轻壤质、沙质土，结构松散，肥力较低。中北部地区土壤有机质含量为：草地0.66%，耕地0.57%；水解氮含量：草地27.15mg/L，耕地29.79mg/L；速效磷含量：草地4.26mg/L，耕地7.8mg/L，较南部黄土丘陵区为多。南部黄土区土壤有机质含量：草地1%左右，耕地0.8%；水解氮含量：草地49.4mg/L，耕地45.17mg/L；速效磷含量：草地1.85mg/L，耕地4.4mg/L。总体来说，土壤质地由南向北依次为轻壤土、沙壤土、沙土，有机质含量由南向北变少，土壤性质保持较好的草地土壤形状好于耕地土壤形状；耕作土壤的有机质含量均低，氮素不足，磷素缺乏，属低肥低产土壤。土壤肥力是影响种植业产量的主要因素之一，据调查，在同一自然条件下，因施肥和不施肥，旱作农田产量有一倍甚至数倍之差。

据20世纪80年代的调查，宁夏中北部地区有草场面积216.4万hm²，沙化草场面积140.9万hm²，占草原总面积的65%，其中微沙化草场面积42.6万hm²，轻度沙化草场面积28.1万hm²，中度沙化草场面积6.24万hm²，重度沙化面积64.0万hm²，分别占沙化草场面积的30.2%、19.9%、4.4%、45.4%。盐池县是我国北方沙质荒漠化强烈发展的地区之一，各类沙质荒漠化土地面积达35.93万hm²，占全县面积的52%，占全区沙质荒漠化土地面积的21.3%。

草地退化、沙化严重破坏了资源的可获得性和生产力，降低了对畜牧业的支撑能力；草地退化还减少了生物多样性，使一些干旱、半干旱生境中的珍贵动植物资源或者消失，或者濒临绝迹；草地退化进入沙化阶段还会引起沙漠化，破坏农田、居民点，阻塞交通，引起沙尘暴等。部分草地退化、沙化是由于过度放牧导致的，草地沙化治理自20世纪70年代至今，先后采取营造防风固沙林、划管轮牧、围栏封育、围栏补植、建植人工草地、全面禁牧等措施，取得了明显的成效，探索了一些好的途径。尤其是禁牧以来，为了实现顺利禁牧，确保禁牧不减收，也确保农民不再走破坏生态环境的"回头路"，盐池县从2002年11月全面禁牧后，即将全县可承包的36.7万hm²草原全部承包到户或联户，建立了草原承包经营责任制，把草原利用与建设有机结合起来，形成了建、管、用和责、权、利相统一的草地生产新机制。同时在原国家农业部的支持，从2003年开始至2004年底，有16.7万hm²承包到户（或联户）的草原进行网围栏建设。草原承包"一定50年不变"的政策和围栏封育的举措，极大地调动了群众建设和管理草原的积极性。尽管盐池县草地退化、沙化的治理取得了一定的成效，但是由于农牧户产业结构、养殖模式等的不合理，草地建设和利用仍然存在诸多问题。

14.1.2 社会经济状况

土地总面积79.9km²，耕地面积1 143hm²（含人工草地面积），占总土地面积的14%，可利用天然草场5 800hm²，占总土地面积的73%。研究区位于宁夏东部盐池县城郊乡四墩子林地1 200hm²，林木覆盖为15%。草原植被以沙生冰草[*Agropyron desertorum*（Fisch.）Schult.]、大针茅（*Stipa grandis* P. Smirn.）、沙芦草（*Agropyrom mongolicum* Keng）、叉枝鸦葱（*Scorzonera muriculata* Chang）、猫头刺（*Oxytropi saciphylla*），苦豆子（*Sophora alopecuroides*）、黑沙蒿（*Artemisia ordosica*）、牛枝子（*Lespedeza potaninii*）、骆驼蓬（*Peganum narmala*）、甘草（*Glvcyrrhiza uralensis*）、白草（*Pennisetum flaccidum*）、长芒草（*stipa bungeana*）等为重要组成部分。此外，还有芨芨草[*Achnatherum splendens*（Trin.）Nevski]、阿尔泰狗娃花[*Heteropappus altaicus*（Willd.）Novopokr.]、披针叶黄华（*Thermopsis lanceolata* R. Br.）等。

全村羊只饲养量5 565多只，大家畜70多头，养猪1 058多头，家禽30 160只。人均收入3 200元，人均占有粮食630kg，具有中国北方典型农牧交错区生产与经济结构特征（2009年统计资料）。

14.1.3　研究内容

（1）根据统计调查数据，建立四墩子农田亚系统能值投入产出动态表和能值分析指标体系，通过分析该亚系统能值流动状况，探讨和评估该系统的可持续发展概况。

（2）根据统计调查数据，建立四墩子人工草地亚系统能值投入产出动态表和能值分析指标体系，通过分析该亚系统能值流动状况，探讨和评估该系统的可持续发展概况。

（3）根据统计调查数据，建立四墩子天然草原亚系统能值投入产出动态表和能值分析指标体系，通过分析该亚系统能值流动状况，探讨和评估该系统的可持续发展概况。

（4）根据统计调查数据，建立四墩子家畜亚系统能值投入产出动态表和能值分析指标体系，通过分析该亚系统能值流动状况，探讨和评估该系统的可持续发展状况。

（5）采用能值分析方法，分析四墩子草地农业生态系统禁牧前后7年来各种能量流投入、产出动态，并对该地区草地农业生态系统的可持续发展状况进行评估。

针对研究中发现的该地区草地农业生态系统存在的主要问题，提出相关的对策和建议。

14.1.4　研究方法

能值分析是以能值为基准，把生态系统或生态经济系统中不同种类、不可比较的能量转化为同一标准的能值来衡量和分析，从中评价其在生态系统中的作用和地位，一般转化为太阳能值。对于不同尺度和类别的系统的能值分析，方法有所差别，所采用的指标体系也不同。本研究主要是对四墩子草地农业生态系统（含农田、人工草地、天然草地和家畜4个亚系统）的能值分析，具体分析步骤包括以下几步。

（1）资料收集。收集研究区域的自然、地理及经济资料，一般为统计资料。

（2）项目确定。确定能值输入与输出的主要包含项目，主要包括农产品、畜产品。

（3）能值分析表的编制。主要包括资源类别、资源流动、太阳能值转化率及太阳能值等项目。首先是列出研究区域的主要能量来源（资源类别）项目，包括自然输入的可更新资源、输出的产品、资源等。其次是计算各能量类别的资源流动量，各种能量计算方法或折算方法见附录。能量资料用J表示，物质可用g。第三是将各类资源换算成统一的能值单位——太阳能值，以进一步分析能量流动在系统中的作用和贡献（转换系数见附录）。

（4）能值指标计算。根据能值分析表，建立能值分析指标，具体包括能值投入率、产出率、环境承载率等指标项目，以此来分析农业系统，评价自然环境的贡献，以利于进行方案选择和决策。

（5）综合分析和政策建议。根据分析指标和趋势，提出结论和政策建议。

14.1.5 技术路线

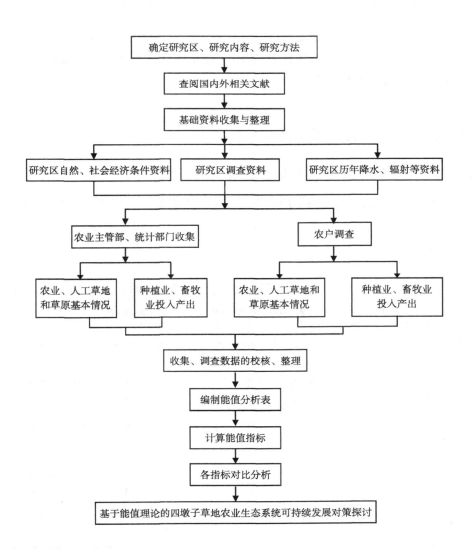

14.1.6　数据处理

研究中应用到的气象数据资料为盐池县气象局多年地面观测资料；四墩子草地农业生态系统数据主要来源于盐池县花马池镇统计委员会农业报表及科技局、畜牧局等相关单位滩羊养殖基本情况和信息（2002—2009年资料），2002—2009年四墩子降水情况见表14-1；部分数据于2009年6—12月采用调查（村委会和居民）法收集。

表14-1　2002—2009年四墩子降水情况统计

Table 14-1　Rainfall of Sidunzi from 2002 to 2009

年份	2002	2003	2004	2005	2006	2007	2008	2009
降水量（mm）	399.10	293.90	262.00	182.00	212.20	284.10	266.70	279.40

将所得到的原始数据输入Excel进行整理、校正，再运用能量计算方法或折算方法计算出投入产出能量，再运用相应太阳能折算系数计算出太阳能值（能量计算折算方法、能值折算系数见附录）。

14.2　农田亚系统能值分析

14.2.1　农田亚系统能值投入动态分析

农田亚系统的能流中，根据实际情况，其投入部分分为可更新环境资源（R）、不可更新环境资源（N）、不可更新工业辅助能（F）和可更新有机能（R1）4部分，如表14-2所示。

表14-2　农田亚系统能值投入与产出（sej）

Table 14-2　Emergy input-output of farming subsystem（sej）

项目	能值折算系数 （sej/J）	2002	2003	2004	2005	2006	2007	2008	2009
可更新自然资源 投入（R）		3.30E+17	3.17E+17	2.98E+17	3.28E+17	3.53E+17	5.11E+17	4.58E+17	5.19E+17
太阳光能	1	2.22E+16	2.25E+16	2.17E+16	2.54E+16	2.54E+16	3.41E+16	3.10E+16	3.53E+16
雨水势能	8 888	1.27E+14	0.94E+14	0.81E+14	0.66E+14	0.77E+14	1.38E+14	1.18E+14	1.41E+14
雨水化学能	15 444	1.11E+17	0.83E+17	0.71E+17	0.58E+17	0.67E+17	1.21E+17	1.03E+17	1.23E+17

（续表）

项目	能值折算系数（sej/J）	2002	2003	2004	2005	2006	2007	2008	2009
灌溉用水	89 900	2.19E+17	2.34E+17	2.27E+17	2.70E+17	2.86E+17	3.90E+17	3.55E+17	3.96E+17
不可更新资源投入（N）		3.60E+17	3.66E+17	3.52E+17	4.13E+17	4.13E+17	5.53E+17	5.03E+17	5.73E+17
土壤净损耗能	62 500	3.60E+17	3.66E+17	3.52E+17	4.13E+17	4.13E+17	5.53E+17	5.03E+17	5.73E+17
工业辅助能投入（F）		1.95E+18	1.98E+18	1.94E+18	2.44E+18	2.60E+18	2.82E+18	3.12E+18	3.58E+18
燃油	66 000	2.34E+17	2.25E+17	2.23E+17	2.64E+17	2.76E+17	3.37E+17	2.52E+17	2.95E+17
农药	14 800 000 000	2.45E+14	2.53E+14	2.55E+14	3.13E+14	3.35E+14	4.77E+14	4.59E+14	5.35E+14
氮肥	4 620 000 000	3.54E+17	3.61E+17	3.66E+17	4.95E+17	5.27E+17	5.74E+17	8.22E+17	9.49E+17
磷肥	6 880 000 000	5.50E+17	5.58E+17	5.41E+17	6.59E+17	6.94E+17	5.87E+17	7.96E+17	9.22E+17
复合肥	2 800 000 000	0.56E+17	0.57E+17	0.55E+17	0.64E+17	1.20E+17	1.37E+17	1.70E+17	1.99E+17
农用电	159 000	3.17E+17	3.25E+17	3.15E+17	4.05E+17	4.19E+17	4.13E+17	3.53E+17	3.86E+17
农用机械	75 000 000	4.36E+17	4.49E+17	4.43E+17	5.50E+17	5.63E+17	7.74E+17	7.24E+17	8.31E+17
有机能投入（R1）		7.46E+17	7.58E+17	7.17E+17	8.26E+17	8.18E+17	1.09E+18	9.53E+17	1.06E+18
种子（种苗）	200 000	0.26E+16	0.47E+16	0.51E+16	0.64E+16	0.85E+16	1.35E+16	1.29E+16	1.27E+16
有机肥	27 000	4.30E+16	4.36E+16	4.19E+16	4.92E+16	4.92E+16	6.59E+16	6.00E+16	6.83E+16
人力	380 000	0.70E+18	0.71E+18	0.67E+18	0.77E+18	0.76E+18	1.01E+18	0.88E+18	0.98E+18
总投入能值（T）		3.38E+18	3.42E+18	3.31E+18	4.00E+18	4.18E+18	4.98E+18	5.03E+18	5.74E+18

（续表）

项目	能值折算系数 （sej/J）	2002	2003	2004	2005	2006	2007	2008	2009
产出									
小麦	68 000	90.8E+16	57.1E+16	50.6E+16	49.9E+16	13.8E+16	5.99E+16	4.99E+16	0E+16
玉米	85 100	0.76E+18	1.38E+18	1.47E+18	2.15E+18	2.82E+18	4.52E+18	4.30E+18	4.25E+18
薯类	2 700	1.29E+15	2.51E+15	2.16E+15	2.59E+15	1.85E+15	1.52E+15	1.66E+15	6.80E+15
秸秆	200 000	1.81E+17	3.29E+17	3.51E+17	4.46E+17	5.87E+17	9.40E+17	8.95E+17	8.83E+17
蔬菜	2 700	2.13E+16	1.52E+16	3.19E+16	3.25E+16	3.55E+16	3.55E+16	2.32E+16	2.55E+16
油料	690 000	1.10E+18	0.83E+18	0.57E+18	1.55E+18	1.76E+18	1.56E+18	1.70E+18	2.40E+18
药材	86 000	2.91E+15	3.49E+15	2.91E+15	3.30E+15	2.91E+15	3.49E+15	3.49E+15	1.35E+15
瓜类	27 000	1.65E+18	1.65E+18	1.18E+18	1.75E+18	3.23E+18	2.75E+18	3.07E+18	3.47E+18
总产出能值（Y）		4.62E+18	4.78E+18	4.11E+18	6.43E+18	8.58E+18	9.87E+18	1.00E+19	1.10E+19

注：太阳能、雨水化学能和雨水势能是同样气候、地球物理作用引起的不同现象，为避免重复计算，只计其中能值投入量最大的项，则可更新环境资源合计等于三者之最大值与灌溉用水化学能的和

由表14-2可以看出，从2002—2009年农田亚系统能值投入分别为：3.38E+18sej、3.42E+18sej、3.31E+18sej、4.00E+18sej、4.18E+18sej、4.98E+18sej、5.03E+18sej、5.74E+18sej。能值投入呈现持续上升态势，由2002年的3.38E+18sej增长到2009年的5.74E+18sej，增长了70%。

由图14-1可以看出，投入部分中可更新环境资源（R）、不可更新环境资源（N）、不可更新工业辅助能（F）和可更新有机能（R1）4部分随着时间的推移，都呈现出上升的趋势，并且它们之间的大小顺序一直保持了：工业辅助能（F）>有机能投入（R1）>不可更新资源投入（N）>可更新自然资源投入（R）。

四墩子农田亚系统无偿环境资源投入能值总量为8.31E+17sej左右，占总投入能值的19.5%，低于甘肃省（32.86%）和海南省（30%）。环境资源中可更新环境资源约占总投入能值的9%，这一部分主要是太阳辐射能和雨水势能，盐池县拥有丰富的光热资源，太阳光年平均辐射量达6.10E+13J/hm²，但降水资源贫乏，各年降水量又有所波动。丰富的光热资源以及雨热同季对发展种植业极为有利，但目前光能利用率不高，太阳能利用潜力大，可以通过改革耕作制度、改进栽培方式等农业措施，提高光能利用率以增加单位面积产量。四墩子较低的降水量远不能满足农作物生长的需要，需要灌溉才能维持种植业的发展。由此可见，四墩子的自然资源禀赋在一定程度上对该地农田亚系统的可持续发展带来了挑战，农业经济的发展必须充分开发利用自然环境资源，如采用温室大棚种植、集雨灌溉等措施提高太阳能和降水资源利用率，这样既可以减少生产成本又可以提高经济效益。

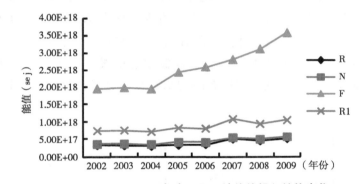

图14-1　2002—2009年农田亚系统能值投入结构变化

Figure 14-1　Input of emergy in the farming subsystem from 2002 to 2009

从图14-2可以看出，工业辅助能值投入逐年增加，由2002年的1.95E+18sej上升到2009年的3.58E+18sej，2009年是2002年的1.8倍，并且工业辅助能平均占总投入的60%左右。其中，化肥占46%～58%，农用机械占22%～27%，燃油占8%～12%，一直保持上升的趋势。农用电占11%～17%，并且在2005年、2006年、2007年有所增加，而这3年降水量比常年少，2005年仅为182mm，所以用于灌溉的农用电投入增加；农药所占比例较小，一直比较平稳。说明该地区农田亚系统中，能值投入以化学肥料为主，而对能够提高土壤持水能力、土壤有机质含量、微生物数量和活性，能够改善作物生长的土壤生态环境的有机肥施用较少。尽管化肥的高投入对农业的高产出至关重要，但对化肥的高度依赖不利于农业生态环境保护，如何提高化肥、农药、农膜等辅助能值的利用效率将是农田亚系统健康持续发展的一个重要课题。这同时也反映了四墩子农田亚系统的产出不单纯依赖土壤的自然肥力，而主要与辅助能值的投入规模相关。

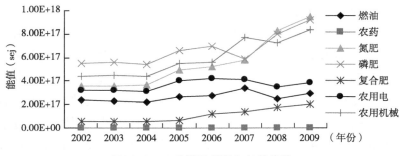

图14-2　工业辅助能投入结构变化

Figure 14-2　Nonrenewable industrial subsidiary energy form 2002 to 2009

　　有机能值投入略有增加，平均占总投入的20%左右。其中，人力占92%～94%，有机肥占6%左右，并且人力投入增长明显大于有机肥的投入（图14-3）。这表明人力仍是四墩子农田亚系统的重要动力。人力投入平均占总能值投入的19%，而农用机械平均占总能值投入的14%，比较可见该农田亚系统处于大量劳动力从事于简单的农业生产，农业机械化程度相对较低。灌溉水能值投入的多少直接决定了四墩子农业的可持续发展，科学合理地利用有限的水资源对提高农业产出水平至关重要。

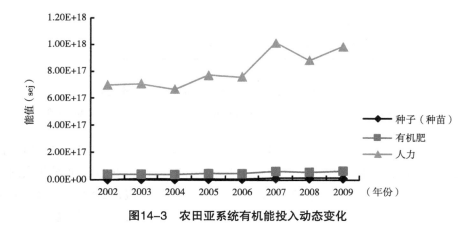

图14-3　农田亚系统有机能投入动态变化

Figure 14-3　Renewable organic subsidiary energy in the farming subsysem

　　由以上分析可知，在以后的农田生产过程中，应调整肥料投入结构，增加有机肥的投入，提高有机能投入比例；加强农业机械化进程；通过改革耕作制度、改进栽培方式等农业措施，提高光能利用率以增加单位面积产量，最终达到本地农田亚系统的可持续发展。

14.2.2　农田亚系统能值产出动态分析

　　由表14-2可知，2002—2009年农田亚系统总产出能值分别为：4.62E+18sej、

4.78E+18sej、4.11E+18sej、6.43E+18sej、8.58E+18sej、9.87E+18sej、1.00E+19sej、1.10E+19sej。产出能值随着年份的推移，整体呈增长趋势，增幅达138%，产出主要是按照产品产量所包含的能量折算为太阳能值计算而来，产出部分为小麦、玉米、薯类、秸秆、蔬菜、油料、药材、瓜类等。

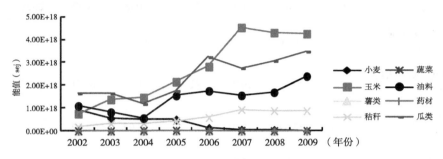

图14-4   2002—2009年农田亚系统各作物产出能值变化

Figure 14-4   Output of emergy in the farming subsystem from 2002 to 2009

由表14-2和图14-4可以看出，产出能值中，玉米、瓜类和油料类作物的产出量占能值产出的大部分，并且随着时间的推移逐渐升高；薯类、蔬菜、药材所占比重较小，变化趋势不太明显；而小麦2002年产出能值所占比例较大，但随着时间的推移，逐渐下降，到2009年，产出能值为零；秸秆则趋于平稳。

2002年四墩子小麦产出能值占总产出能值的20%，玉米占16%，油料占24%，瓜类占36%，秸秆占8%，说明该年四墩子农田亚系统种植业结构以瓜类为主，粮食生产次之，饲料作物生产最少；到了2009年玉米产值占总产值的39%，小麦为0%，秸秆占8%，油料占22%，瓜类占32%，说明此时饲料作物超过其他作物，粮食生产的份额极小，这反映出该地区农业产业结构调整已取得显著成效，体现出人们已经认识到，所种作物中，玉米和油料作物的能值转换率最高，应适当扩大种植面积，以提高系统的产出能力。经济作物中药材的产出能值较低，这与药材种植面积较低有关，而药材具有较高的经济价值和广阔的生产前景，在以后的生产中应调整其种植比例。

14.2.3   农田亚系统能值指标动态分析

通过能值分析得出的一系列能值指标，将生态经济系统的各种生态流在能值尺度上统一起来，一方面可以定量分析生态经济系统的结构、功能，认识自然环境生产的价值及其与人类经济的关系，以正确处理人与自然环境和环境与经济的关系，走可持续发展之路；另一方面，通过这些能值指标与其他国家或地区的比较研究，可以了解一个国家或地区经济发展潜力，评估其在世界各国或地区中所处的位置。根据投入与产出所包含的项目及计算结果，建立了四墩子农田亚系统能值分析指标体系，具体含义及计算结果如表14-3所示。

表14-3 农田亚系统能值分析指标体系（sej）

Table 14-3　Emergy analysis index systemof farming subsystem（sej）

年份	2002	2003	2004	2005	2006	2007	2008	2009
可更新有机能/总辅助能值（%）	38.26	38.28	36.96	33.85	31.46	38.65	30.54	29.61
总辅助能值/总投入能值（%）	79.76	80.06	80.27	81.65	81.77	78.51	80.97	80.84
不可更新工业辅助能/总辅助能值（%）	72.33	72.32	73.01	74.71	76.07	72.12	76.60	77.16
不可更新工业辅助能/总投入能值（%）	57.69	57.89	58.61	61.00	62.20	56.63	62.03	62.37
能值投入率	3.91	4.01	4.09	4.41	4.46	3.67	4.24	4.25
能值自给率（%）	20.41	19.97	19.64	18.53	18.33	21.37	19.11	19.02
净能值产出率	1.71	1.75	1.55	1.97	2.51	2.52	2.46	2.37
环境承载率	2.15	2.18	2.26	2.47	2.57	2.11	2.57	2.63
系统可持续发展指数	0.80	0.80	0.69	0.80	0.98	1.20	0.96	0.90

14.2.3.1　能值自给率与能值投入率

2002—2009年，四墩子农田亚系统的能值自给率在18.33%～21.37%，呈不规则的变化，主要是由环境资源能值的主要组成部分雨水势能的不规则变化引起的。但由图14-5可看出，能值自给率主体呈降低的趋势，可见在这7年间农田亚系统因为大量不可更新工业辅助能的投入，农业经济的发展对环境的依赖程度降低，也间接说明农业经济有了可观的发展。

由图14-5及表14-3可以看出，四墩子农田亚系统能值投资率也呈现波动趋势，2006年达到最高值为4.46，而2007年最低值为3.6，值的变化范围较大，主要是因为研究区购买能值的总量在不可更新工业辅助能增长势头的拉动下呈现规则的逐步上升态势，而无需付费能值总量却不规律地变动，这就导致能值投资率出现了波动，但总的来说，相对于2002年，能值投资率有了增长，这说明系统经济发展水平有所增加，但不稳定。经济输入能值越高，产品的生产成本就越高，相应地，产品的价格竞争力变低，不利于产品在市场上的交换，四墩子农业经济系统在投入较多的经济能值的同时，需要与更多的环境资源能值相匹配，才能达到高投入、高产出的生产模式。

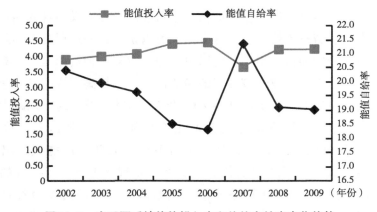

图14-5　农田亚系统能值投入率和能值自给率变化趋势

Figure 14-5 **Trends of emergy investment ratio and emergy self-suport ratio in the farming subsystem**

14.2.3.2　环境承载率和净能值产出率

图14-6可见，四墩子农田亚系统的环境承载率基本上呈上升趋势，值在2.11～2.63波动。环境承载率的变化趋势表明，随着大量不可更新工业辅助能的投入，系统能值利用水平不断提高，但环境压力也逐渐加大。尤其是2005年和2006年，环境承载率出现了较大的增长，2005年（2.47）和2006年（2.57），该值低于高能值投入的美国（7.06）、西班牙（7.20）、瑞典（9.03）、意大利（9.47），而高于世界平均水平1.15。环境压力在不断增加，如果四墩子人们长期忽视这种变化，不采取措施避免环境承载率的无限制增长，可能会造成系统产生不可逆转的功能退化和丧失。

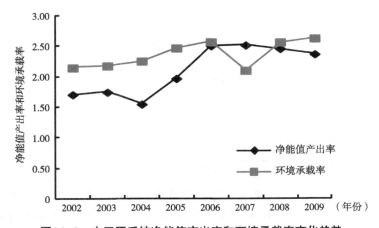

图14-6　农田亚系统净能值产出率和环境承载率变化趋势

Figure 14-6 **Trends of emergy yield ratio and emergy loading ratio in the farming subsystem**

净能值产出率为经济过程产生的能值与来自经济过程的反馈输入能值的比值（反馈输入能值由燃料、劳务等构成），这个指标可以说明经济过程是否为经济活动提供基础能源。通过比较净能值产出率，可以更好地了解某一种资源是否具有竞争力及其经济效益的大小。同类资源或经济过程的净能值产出率越高，说明其竞争力越强。净能值产出率越高，说明某一资源或某一区域的经济活动对外界的贡献越大。

2002—2009年，四墩子的净能值产出率总体上呈上升趋势，数值在1.55～2.52波动，最小值出现在2004年，最大值出现在2007年。净能值产出率反映了系统在获得经济输入能值上是否具有优势，这在一定程度上反映了系统的持续发展状况。从变化趋势图（图14-6）可以看出，该地区净能值产出率随着时间的推移，总体呈上升趋势。这说明该地区农田亚系统竞争力随着时间的推移逐渐加强。

Odum认为该值应在1～6，如果一个系统的净能值产出率小于1，则该系统的能值将不会增加；如果一个系统的净能值产出率小于另一个系统的净能值产出率，那么该系统获得经济投资的机会和数额就会小于另一个系统，从而降低该系统获得经济投入能值的竞争力，最终会被净能值产出率高的系统所替代。

14.2.3.3　系统可持续发展指数（EST）

基于能值分析的可持续发展指数为净能值产出率（EYR）与环境承载率（ELR）的比值。如果某个特定的农业生态系统净能值产出率高而环境承载率又相对较低，则它是可持续的，反之是不可持续的。

从图14-7反映的变化趋势看，2002—2009年的ESI变化趋势包括一个攀升时段和2个下降时段。ESI曲线的两个下降时段分别出现于2002—2004年和2007—2009年，一个攀升时段出现2004—2007年，但其总体呈上升趋势。

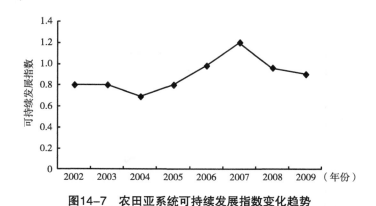

图14-7　农田亚系统可持续发展指数变化趋势

Figure 14-7　Trends of the emergy based-indices in the farming subsystem

由表14-3和图14-7可以清晰地看到，2002—2009年，受净能值产出率下降而环境承载率上升的影响，四墩子农田亚系统的可持续发展指数总体上呈倒N形，

2009年较2002年有所增长，最大值为1.2（2007年），最小值为0.69（2004年）。从农田生产实际来看，造成ESI值下降的原因主要是，在此期间由于农业系统的反馈输入能（化肥、电力等）量增加，但相应的总产出能值并未大幅度提高，进而降低了系统能产出率，同时增加了系统的环境承载率，最终导致系统的可持续发展指数降低。研究表明，ESI<1时为消费型经济系统；1<ESI<10时，经济系统富有活力和发展潜力；ESI>10时，是经济不发达的象征。四墩子可持续发展指数在0.69~1.2，平均值小于1，说明四墩子农田亚系统属于消费型经济系统，这与该地区农业经济的发展主要靠水资源和工业辅助能的供给现状相符。由于降水量因素的影响，水浇地浇水量的波动，相应地，投入系统中的不可更新工业辅助能值也呈现波动，而几种主要的可更新有机能投入量却呈波动式增加，导致系统的可持续性略有增强。尽管系统的可持续发展状况不容乐观，但2009年可持续发展指数的回升让我们有理由认为四墩子农田亚系统仍有较大的发展空间和潜力，这就需要人们对生态环境破坏、不可更新工业辅助能值投入量大、水资源浪费等问题给予足够重视，采取有效措施以增强系统的可持续发展能力。

14.2.4 小结

（1）四墩子农田亚系统的能流中，能值投入部分为可更新环境资源（R）、不可更新环境资源（N）、不可更新工业辅助能（F）和可更新有机能（R1）4部分。都呈逐年上升的趋势，并且大小顺序一直保持了工业辅助能（F）>有机能投入（R1）>不可更新资源投入（N）>可更新自然资源投入（R）。

（2）2002—2009年农田亚系统能值投入分别为：3.38E+18sej、3.42E+18sej、3.31E+18sej、4.00E+18sej、4.18E+18sej、4.98E+18sej、5.03E+18sej、5.74E+18sej。

（3）农田亚系统无偿环境资源投入能值总量为8.31E+17sej左右，占总投入能值的19.5%。工业辅助能平均占总投入的60%左右。其中，化肥占46%~58%，农用机械占22%~27%，燃油占8%~12%，一直保持上升的趋势。有机能值投入平均占总投入的20%左右。其中，人力占92%~94%，有机肥占6%左右，并且人力投入增长明显大于有机肥的投入。

（4）2002—2009年农田亚系统总产出能值分别为：4.62E+18sej、4.78E+18sej、4.11E+18sej、6.43E+18sej、8.58E+18sej、9.87E+18sej、1.00E+19sej、1.10E+19sej，整体呈逐年增长趋势。

产出部分为小麦、玉米、薯类、秸秆、蔬菜、油料、药材、瓜类等。产出能值中，玉米、瓜类和油料类作物的产出量占能值产出的大部分，并且随着时间的推移逐渐升高；薯类、蔬菜、药材所占比重较小，变化趋势不太明显；而小麦逐年下降；秸秆则趋于平稳。

（5）2002—2009年，四墩子农田亚系统的能值自给率在18.33%～21.37%波动中降低。能值投资率在3.6～4.46间也呈现波动增加。环境承载率呈上升趋势，其值在2.11～2.63。净能值产出率总体上呈上升趋势，其值在1.55～2.52波动。可持续发展指数在0.69～1.2，平均值小于1。

由以上结论可知，2002—2009年人力仍是四墩子农田亚系统的重要动力；较低的降水量远不能满足农作物生长的需要，需要灌溉才能维持种植业的发展；有机肥施用量较低；农业经济的发展对环境的依赖程度降低；环境压力在不断增加；该亚系统属于消费型经济系统。

所以在以后的农田生产过程中，加强农业机械化进程；通过改革耕作制度、改进栽培方式等农业措施以及温室大棚种植、节水灌溉等措施，提高太阳能和降水资源利用率；应调整肥料投入结构，增加有机肥的投入，提高有机能投入比例。这样既可以减少生产成本又可以提高经济效益。

所种作物中，玉米和油料作物的能值转换率最高，应适当扩大种植面积，以提高系统的产出能力。经济作物中药材的产出能值较低，这与药材种植面积较低有关，而药材具有较高的经济价值和广阔的生产前景，在以后的生产中应调整其种植比例。

14.3 人工草地亚系统能值分析

14.3.1 人工草地亚系统能值投入动态分析

人工草地亚系统的能流中，根据实际情况，其投入部分也分为可更新环境资源（R）、不可更新环境资源（N）、不可更新工业辅助能（F）和可更新有机能（R1）4部分；产出主要是按照产品产量所包含的能量折算为太阳能值计算而来，产出部分为苜蓿干草和青贮玉米，计算结果如表14-4所示。

表14-4 人工草地亚系统能值投入与产出（sej）

Table 14-4 Emergyinput-output of artificial grassland subsystem（sej）

项目	能值折算系数（sej/J）	2002	2003	2004	2005	2006	2007	2008	2009
可更新自然资源投入（R）		2.66E+17	2.41E+17	2.37E+17	1.58E+17	1.78E+17	1.74E+17	2.64E+17	2.57E+17
太阳光能	1	1.95E+16	1.92E+16	2.01E+16	1.37E+16	1.53E+16	1.40E+16	1.77E+16	1.71E+16
雨水势能	8 888	1.11E+14	8.05E+13	7.52E+13	3.57E+13	4.62E+13	5.70E+13	6.74E+13	6.81E+13

（续表）

项目	能值折算系数 （sej/J）	2002	2003	2004	2005	2006	2007	2008	2009
雨水化学能	15 444	9.71E+16	7.05E+16	6.58E+16	3.12E+16	4.05E+16	4.99E+16	5.90E+16	5.91E+16
灌溉用水	89 900	1.69E+17	1.70E+17	1.71E+17	1.27E+17	1.37E+17	1.24E+17	2.05E+17	1.98E+17
不可更新资源投入（N）		3.17E+17	3.11E+17	3.26E+17	2.23E+17	2.47E+17	2.28E+17	2.87E+17	2.77E+17
土壤净损耗能	62 500	3.17E+17	3.11E+17	3.26E+17	2.23E+17	2.47E+17	2.28E+17	2.87E+17	2.77E+17
工业辅助能投入（F）		8.31E+17	8.32E+17	8.83E+17	6.39E+17	7.29E+17	6.50E+17	8.22E+17	7.99E+17
燃油	66 000	2.05E+17	1.92E+17	2.07E+17	1.43E+17	1.66E+17	1.39E+17	1.44E+17	1.42E+17
农用电	159 000	2.23E+17	2.19E+17	2.29E+17	1.57E+17	1.74E+17	1.60E+17	2.02E+17	1.95E+17
农用机械	75 000 000	3.83E+17	3.82E+17	4.11E+17	2.97E+17	3.38E+17	3.20E+17	4.13E+17	4.02E+17
N肥	4 620 000 000	1.95E+16	3.90E+16	3.61E+16	4.16E+16	5.06E+16	3.08E+16	6.27E+16	6.04E+16
有机能投入（R1）		4.37E+17	3.79E+17	3.40E+17	2.22E+17	2.14E+17	1.85E+17	2.10E+17	1.94E+17
人力	380 000	4.36E+17	3.78E+17	3.39E+17	2.21E+17	2.13E+17	1.84E+17	2.09E+17	1.93E+17
种子（种苗）	85 100	0.66E+15	1.32E+15	1.26E+15	1.16E+15	1.32E+15	0.99E+15	1.39E+15	1.32E+15
总投入能值（T）		1.85E+18	1.76E+18	1.79E+18	1.24E+18	1.37E+18	1.24E+18	1.58E+18	1.53E+18
产出									
苜蓿干草	27 000	1.69E+18	1.80E+18	1.01E+18	1.21E+18	1.23E+18	1.53E+18	1.48E+18	1.69E+18
青贮玉米	27 000	1.06E+18	1.00E+18	0.79E+18	0.94E+18	0.79E+18	1.11E+18	1.06E+18	1.06E+18

（续表）

项目	能值折算系数（sej/J）	2002	2003	2004	2005	2006	2007	2008	2009
总产出能值（Y）		2.75E+18	2.80E+18	1.80E+18	2.15E+18	2.02E+18	2.64E+18	2.54E+18	2.75E+18

注：太阳能、雨水化学能和雨水势能是同样气候、地球物理作用引起的不同现象，为避免重复计算，只计其中能值投入量最大的项，则可更新环境资源合计等于三者之最大值与灌溉用水化学能的和

表14-4、图14-8可以看出，2002—2009年四墩子人工草地亚系统能值投入分别为：1.85E+18sej、1.76E+18sej、1.79E+18sej、1.24E+18sej、1.37E+18sej、1.24E+18sej、1.58E+18sej、1.53E+18sej，总体呈下降趋势，但2005年、2006年和2007年明显低于其他年份，并且总投入能值变化趋势与不可更新工业辅助能投入能值和环境资源能值投入变化趋势完全相同。

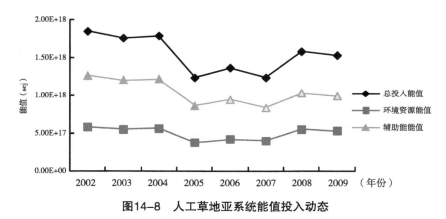

图14-8　人工草地亚系统能值投入动态

Figure 14-8　Input of emergy in the artificial grassland from 2002 to 2009

投入部分中不可更新工业辅助能（F）远远大于可更新环境资源（R）、不可更新环境资源（N）和可更新有机能（R1）3种；不可更新工业辅助能中以农用机械、农用电和燃油为主，化肥所占比重很小（图14-9），农用机械投入2002—2009年依次为：3.83E+17sej、3.82E+17sej、4.11E+17sej、2.97E+17sej、3.38E+17sej、3.20E+17sej、4.13E+17sej、4.02E+17sej，呈现出波动式增加；而可更新环境资源（R）、不可更新环境资源（N）和可更新有机能（R1）所占比重相当。可更新有机能中，人力占主体，从2002—2009年依次为：4.36E+17sej、3.78E+17sej、3.39E+17sej、2.21E+17sej、2.13E+17sej、1.84E+17sej、2.09E+17sej、1.93E+17sej，2009年比2002年减少了56%。通过比较可以看出，2002年主要的能值输入来自人力，人力输入占总能值投入的23.6%，而机械能值输入占总能值投入的

20.7%，到了2009年，人力输入占总能值投入的12.6%，而机械能值输入占总能值投入的26.3%，可见该地区人工草地亚系统在向机械作业逐步转变。

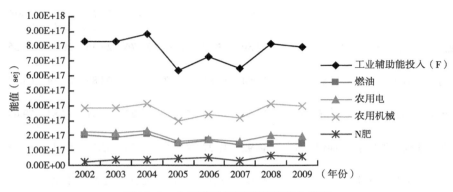

图14-9　人工草地亚系统能值投入动态

Figure 14-9　Input of industrial subsidiary energy in the artificial grassland

14.3.2　人工草地亚系统能值产出动态分析

2002—2009年人工草地亚系统总产出能值分别为：2.75E+18sej、2.80E+18sej、1.80E+18sej、2.15E+18sej、2.02E+18sej、2.64E+18sej、2.54E+18sej、2.75E+18sej。苜蓿干草的产出能值一直高于青贮玉米（图14-10），并且两者随着时间的推移都有所波动，总体呈先下降后上升趋势。2005—2007年产出能值下降主要与这几年降水量减少有关，2005年降水量仅为182mm，比正常年份减少了33%。

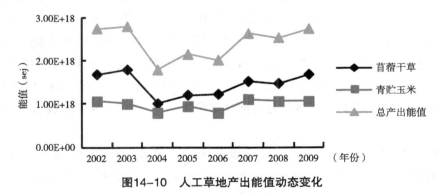

图14-10　人工草地产出能值动态变化

Figure 14-10　Output of emergy in the artificial grassland from 2002 to 2009

14.3.3　人工草地亚系统能值指标动态分析

根据投入与产出所包含的项目及计算结果，建立了四墩子人工草地亚系统能值分析指标体系，具体含义及计算结果如表14-5所示。

表14-5　人工草地亚系统能值分析指标体系（sej）

Table 14-5　Emergy analysis index system of artificial grassland subsystem（sej）

年份	2002	2003	2004	2005	2006	2007	2008	2009
可更新有机能/总辅助能值（%）	52.59	45.55	38.51	34.74	29.36	28.46	25.55	24.28
总辅助能值/总投入能值（%）	68.54	68.81	68.32	69.44	68.83	67.34	65.32	64.90
不可更新工业辅助能/总辅助能值（%）	65.54	68.70	72.20	74.22	77.31	77.84	79.65	80.46
不可更新工业辅助能/总投入能值（%）	44.92	47.27	49.33	51.53	53.21	52.42	52.03	52.22
能值投入率	2.17	2.19	2.17	2.26	2.22	2.08	1.87	1.86
能值自给率（%）	31.51	31.36	31.45	30.73	31.02	32.42	34.87	34.90
净能值产出率	2.17	2.31	1.47	2.50	2.14	3.16	2.46	2.77
环境承载率	1.63	1.84	2.10	2.27	2.49	2.45	2.34	2.39
系统可持续发展指数	1.33	1.25	0.70	1.10	0.86	1.29	1.05	1.16

14.3.3.1　能值自给率与能值投入率

由表14-5、图14-11可以看出，四墩子人工草地随着年份的推移，能值投入率呈现下降的趋势。2005年最高，为2.26，2009年最低，为1.86。2005年最高，是因为总辅助能能值投入较多，而环境资源能值投入因降水量和灌溉用水减少而造成，以后，随着降水量的逐渐增加，能值投入率下降。最低值1.86和最高值2.26均低于发达地区广东省1997年种植业系统（6.05）和全国农业系统平均水平（4.93），说明人工草地系统利用了相当部分的内部环境资源，生产的成本相对较低，有相当的竞争力。

2002—2009年，四墩子人工草地亚系统的能值自给率在30.73%～34.90%，2005年最低，为30.73%，2009年最高为34.90%，与能值投入率呈现互补的趋势（图14-11），主要是由环境资源能值的主要组成部分雨水势能的不规则变化引起的。但总体呈升高的趋势，可见在这7年间人工草地亚系统对环境的依赖程度增加，也间接说明人工草地亚系统中工业辅助能和有机能投入不太理想，人工草地亚系统以后的发展要加强工业辅助能和有机能的投入。

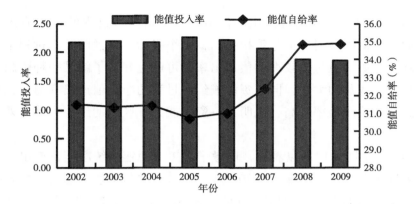

图14-11 人工草地亚系统能值投入率和能值自给率变化趋势

Figure 14-11 trends of emergy investment ratio and emergy self-suport ratio in the artificial grassland subsystem

14.3.3.2 环境承载率和净能值产出率

图14-12可见，四墩子人工草地亚系统的环境承载率基本上呈上升趋势，其值在1.63～2.39波动。环境承载率的变化趋势表明，随着不可更新工业辅助能投入的变化，系统能值利用水平也发生变化，环境压力因辅助能投入而增加，因辅助能投入减少而降低。该人工草地环境承载率低于高能值投入的美国（7.06）、西班牙（7.20）、瑞典（9.03）、意大利（9.47），而高于世界平均水平1.15。说明目前该地区人工草地亚系统的生产对环境的压力比较小，另一方面也说明该人工草地的发展潜力比较大，可以进一步增加投入，以获取更多的牧草产出。建立人工草地是发展集约化草地畜牧业、实施生态恢复与重建以及实行可持续发展和循环经济战略的重要措施，人工草地是达到先进的草地农业系统、实现草地畜牧业可持续发展的必须条件之一。而长期以来，放牧式草原畜牧业已经造成了该地区草原生态系统的极大破坏，亟须转变为产业化与集约化经营的人工草地畜牧业，此案例为这一目标的实现提供了很好的依据。

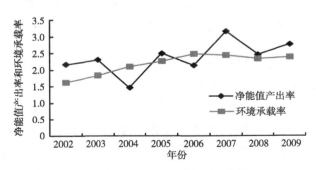

图14-12 人工草地亚系统净能值产出率和环境承载率变化趋势

Figure 14-12 Trends of emergy yield ratio and emergy loading ratio in the artificial grassland subsyetem

净能值产出率为经济过程产生的能值量与来自经济过程的反馈输入能值的比值（反馈输入能值由燃料、劳务等构成），这个指标可以说明经济过程是否为经济活动提供基础能源。通过比较净能值产出率，可以更好地了解某一种资源是否具有竞争力及其经济效益的大小。同类资源或经济过程的净能值产出率越高，说明其竞争力越强。净能值产出率越高，说明某一资源或某一区域的经济活动对外界的贡献越大。

由表14-5、图14-12可以看出，四墩子人工草地亚系统净能值产出率呈现波动式增加，由2002年的2.17增加到了2009年的2.77。这与工业辅助能的投入有极大的关系。该人工草地的净能值产出率2004年最小，为1.47，2007年最大，为3.16，平均值为2.37，而中国农业系统的净能值产出率仅为0.27，表明该人工草地亚系统的能值生产是有一定竞争优势的，要比中国农业系统的平均生产水平发达。同时，波动式增加说明该地区人工草地亚系统竞争力随着时间的推移逐渐加强。

14.3.3.3 系统可持续发展指数

基于能值分析的可持续发展指数为净能值产出率（EYR）与环境承载率（ELR）的比值。如果某个特定的农业生态系统净能值产出率高而环境承载率又相对较低，则它是可持续的，反之是不可持续的。

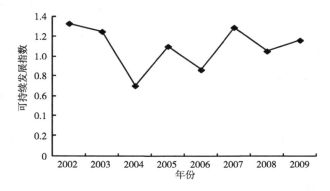

图14-13　人工草地亚系统可持续发展指数变化趋势

Figure 14-13　Trends of emergy based-indices in the artificial grassland subsystem

从图14-13反映的变化趋势看，2002—2009年的ESI变化总体呈先下降后上升趋势。但中间有波动。最大值为1.33（2002年），最小值为0.70（2004年），平均值为1.1。通过对比发现，净能值产出率的变化趋势与可持续利用（发展）指数的变化趋势相同。净能值产出率又是产出能值与工业辅助能值和有机能投入能值的比率，而在其中起主要作用的是工业辅助能值，而它的投入呈现出波动性，所以人工草地亚系统的可持续发展指数也出现波动性。但研究发现产出能值一直趋于上升态势，在此期间由于反馈输入能（化肥、电力等）量减少，进而增加了系统净能产出率，最终导致系统的可持续发展指数升高。研究表明，ESI<1时为消费型经济系统；1<ESI<10时，经济系统富有活力和发展潜力；ESI>10时，是经济不发达的象征。四墩子人工草地亚系统可持续发展指数平均值为1.1，说明四墩子人工草地亚系统富有活力和发展潜力。

14.3.4　小结

（1）四墩子人工草地亚系统的能流中，能值投入部分也为可更新环境资源（R）、不可更新环境资源（N）、不可更新工业辅助能（F）和可更新有机能（R1）4部分，总体呈下降趋势。其中不可更新工业辅助能（F）远远大于可更新环境资源（R）、不可更新环境资源（N）和可更新有机能（R1）3种，后三者所占比重相当。

（2）从2002—2009年四墩子人工草地亚系统能值投入分别为：1.85E+18sej、1.76E+18sej、1.79E+18sej、1.24E+18sej、1.37E+18sej、1.24E+18sej、1.58E+18sej、1.53E+18sej。

（3）不可更新工业辅助能中以农用机械、农用电和燃油为主，化肥所占比重很小，农用机械投入呈现出波动式增加。从2002—2009年，人力输入在总投入能值中所占的比例由23.6%减少到12.6%，而机械能输入占总投入能值的比例由20.7%增加到了26.3%。

（4）从2002—2009年人工亚系统总产出能值分别为：2.75E+18sej、2.80E+18sej、1.80E+18sej、2.15E+18sej、2.02E+18sej、2.64E+18sej、2.54E+18sej、2.75E+18sej。苜蓿干草的产出能值一直高于青贮玉米，总体呈先下降后上升趋势。

（5）能值投入率呈现下降的趋势，其值在1.86～2.26；能值自给率在30.73%～34.90%；环境承载率呈上升趋势，其值在1.63～2.39波动；净能值产出率呈现增加，其值在2.17～2.77波动；可持续发展指数平均值为1.1。

由以上结论可知，这7年间天然草原亚系统对环境的依赖程度增加，也间接说明人工草地亚系统中工业辅助能和有机能投入不太理想，人工草地亚系统以后的发展要加强工业辅助能和有机能的投入。环境承载率低于高能值投入的美国（7.06）、西班牙（7.20）、瑞典（9.03）、意大利（9.47），而高于世界平均水平1.15。说明目前该地区人工草地亚系统的生产对环境的压力比较小，另一方面也说明该人工草地的发展潜力比较大，可以进一步增加投入，以获取更多的牧草产出。该亚系统可持续发展指数平均值为1.1，说明富有活力和发展潜力。

所以，在四墩子合理建立人工草地是发展集约化草地畜牧业、实施生态恢复与重建以及实行可持续发展和循环经济战略的重要措施，人工草地是达到先进的草地农业系统、实现草地畜牧业可持续发展的必须条件之一。

14.4 天然草原亚系统能值分析

14.4.1 天然草原亚系统能值投入动态分析

天然草原亚系统的能流中，根据实际情况，其投入部分也分为可更新环境资源（R）、不可更新环境资源（N）、工业辅助能投入（F）和有机能投入（R1）4部分；产出主要是按照产品产量所包含的能量折算为太阳能值计算而来，产出部分为牧草，计算结果如表14-6所示。

表14-6 天然草原亚系统能值投入与产出动态（sej）

Table 14-6 Emergy input-output of desert subsystem（sej）

年份	2002	2003	2004	2005	2006	2007	2008	2009
可更新自然资源投入（R）	1.05E+18	7.73E+17	7.34E+17	5.27E+17	6.21E+17	8.31E+17	7.81E+17	8.81E+17
太阳光能	2.10E+17	2.10E+17	2.24E+17	2.31E+17	2.34E+17	2.34E+17	2.34E+17	2.34E+17
雨水势能	1.20E+15	8.82E+14	8.38E+14	6.01E+14	7.09E+14	9.50E+14	8.90E+14	9.32E+14
雨水化学能	1.05E+18	7.73E+17	7.34E+17	5.27E+17	6.21E+17	8.31E+17	7.81E+17	8.81E+17
不可更新资源投入（N）	3.41E+18	3.41E+18	3.63E+18	3.75E+18	3.79E+18	3.79E+18	3.79E+18	3.79E+18
土壤净损耗能	3.41E+18	3.41E+18	3.63E+18	3.75E+18	3.79E+18	3.79E+18	3.79E+18	3.79E+18
工业辅助能投入（F）	8.62E+15	5.57E+15	7.88E+15	6.33E+15	1.01E+16	1.12E+16	1.17E+16	1.43E+16
燃油	3.94E+15	2.55E+15	3.60E+15	2.90E+15	4.61E+15	5.03E+15	5.29E+15	6.35E+15
农用机械	4.67E+15	3.02E+15	4.27E+15	3.43E+15	5.47E+15	6.22E+15	6.45E+15	7.98E+15
有机能投入（R1）	2.88E+18	1.86E+18	2.63E+18	2.12E+18	3.37E+18	4.51E+18	4.60E+18	4.45E+18
种子	6.33E+15	4.09E+15	5.79E+15	4.65E+15	7.40E+15	1.65E+16	1.01E+16	5.38E+15
人力	2.88E+18	1.86E+18	2.63E+18	2.11E+18	3.36E+18	4.49E+18	4.58E+18	4.45E+18
总投入能值（T）	7.35E+18	6.05E+18	7.01E+18	6.40E+18	7.79E+18	9.14E+18	9.18E+18	9.14E+18
产出								
牧草	3.55E+17	5.04E+17	6.54E+17	7.46E+17	8.85E+17	1.00E+18	1.11E+18	1.21E+18
总产出能值（Y）	3.55E+17	5.04E+17	6.54E+17	7.46E+17	8.85E+17	1.00E+18	1.11E+18	1.21E+18

从表14-6、图14-14可以看出，2002—2009年四墩子天然草原亚系统总能值投入分别为：7.35E+18sej、6.05E+18sej、7.01E+18sej、6.40E+18sej、7.79E+18sej、9.14E+18sej、9.18E+18sej、9.14E+18sej。所以，天然草原亚系统中，能值的投入总体呈上升趋势，而2003年和2005年能值投入明显的降低，是因为2003年和2005年牧草补播面积少于其他年份。

投入部分中，2007年前，不可更新环境资源（N）>有机能投入（R1）>可更新环境资源（R）>工业辅助能（F），2007年开始，有机能投入超过了不可更新能值的投入。

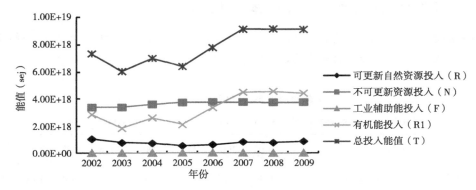

图14-14 天然草原亚系统能值投入动态趋势

Figure 14-14 Input of emergy in the desert subsystem from 2002 to 2009

从单位面积考虑，2002—2009年不可更新资源投入依次为：9.91E+14sej、9.91E+14sej、9.89E+14sej、9.89E+14sej、9.87E+14sej、9.87E+14sej、9.87E+14sej、9.87E+14sej。数据表明随着年份的增加，不可更新资源投入能值逐渐下降。而可更新自然资源包括太阳能、雨水化学能和雨水势能，它们是同样气候、地球物理作用引起的不同现象，为避免重复计算，只计其中能值投入量最大的项，雨水化学能，7年来降水量呈现出波动式下降，所以可更新自然资源投入呈波动式下降。所以，从单位面积土壤净损耗能的下降，可以得出禁牧在缓解水土流失方面起到了积极作用。

从表14-6可以看出，有机能投入中，人力明显高于种子的投入，占投入总能值的31%~49%；工业辅助能投入中，机械能值占主体，机械能值投入占总投入能值的不到1%。所以，草原补播改良主要靠人力来完成，草原休养生息和恢复主要靠自然恢复。

14.4.2 天然草原亚系统能值产出动态分析

由表14-6可以看出，2002—2009年天然草原亚系统总产出能值，即牧草的产出能值分别为：3.55E+17sej、5.04E+17sej、6.54E+17sej、7.46E+17sej、8.85E+17sej、1.00E+18sej、1.11E+18sej、1.21E+18sej。可以看出，天然草原亚系统产出能值随着时间的推移，呈现逐渐增加的趋势。

同样，单位面积能值产出呈现逐年增加的趋势，依次为：1.03E+14sej、1.47E+14sej、1.78E+14sej、1.97E+14sej、2.30E+14sej、2.60E+14sej、2.89E+14sej、3.15E+14sej。可以看出，2009年单位面积产出能值比2002年多206%，所以，禁牧后牧草确实得到了休养生息，并且局面喜人。

14.4.3　天然草原亚系统能值指标体系动态分析

根据投入与产出所包含的项目及计算结果，建立了四墩子天然草原亚系统能值分析指标体系，具体含义及计算结果如表14-7所示。

表14-7　天然草原亚系统能值分析指标体系（sej）

Table 14-7　Emergy analysis index system of desert subsystem（sej）

年份	2002	2003	2004	2005	2006	2007	2008	2009
可更新有机能/总辅助能值（%）	1.00	1.00	1.00	1.00	1.00	1.00	1.00	1.00
总辅助能值/总投入能值（%）	0.39	0.31	0.38	0.33	0.43	0.49	0.50	0.49
不可更新工业辅助能/总辅助能值（%）	1.18	1.83	1.38	1.76	1.12	0.84	0.82	0.85
不可更新工业辅助能/总投入能值（%）	0.00	0.00	0.00	0.00	0.00	0.00	0.00	0.00
能值投入率	0.65	0.45	0.60	0.50	0.77	0.98	1.01	0.96
能值自给率	0.61	0.69	0.62	0.67	0.57	0.51	0.50	0.51
净能值产出率	0.12	0.27	0.25	0.35	0.26	0.22	0.24	0.27
环境承载率	0.87	1.30	1.08	1.42	0.95	0.71	0.71	0.71
系统可持续发展指数	0.14	0.21	0.23	0.25	0.27	0.31	0.34	0.38

14.4.3.1　能值投入率

从图14-15可以看出，天然草原亚系统能值投入率呈上升趋势，主要是因为研究区购买能值的总量在有机能值特别是人力的大量投入拉动下呈现逐步上升趋势，而无需付费能值总量逐渐趋于平稳，这就导致能值投资率出现上升（0.65～0.96），这说明天然草原亚系统经济发展水平有所增加。

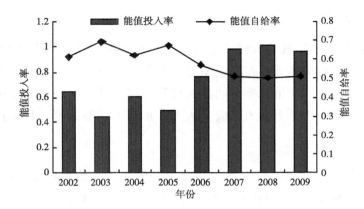

图14-15　天然草原亚系统能值自给率和能值投入率动态变化

Figure 14-15　Trends of emergy self-suport ratio and emergy investment ratio in the desert subsystem

14.4.3.2　能值自给率

从图14-15可以看出，天然草原亚系统能值自给率呈现下降的趋势，主要是因为随着人工补播中大量购买能值的增加在总投入能值中逐渐增加，而环境资源能值的主要组成部分雨水化学能出现下降，所以能值自给率主体呈降低的趋势（0.61～0.51），可见在这7年间天然草原亚系统因为大量有机能特别是人力的投入下，天然草原的发展对环境的依赖程度降低，也间接说明天然草原的恢复是可观。

14.4.3.3　净能值产出率

2002—2009年，四墩子的净能值产出率总体上呈先上升后下降的趋势，而在2007年又有所上升（图14-16），数值在0.2～0.35波动，较大值出现在2003年和2005年，但均低于中国2000年农业生态系统的数值2.08。这说明四墩子天然草原亚系统的生产效率相对较低，且增长不稳定，单位辅助能值带来的能值产出水平低，导致产品的市场竞争力很低。

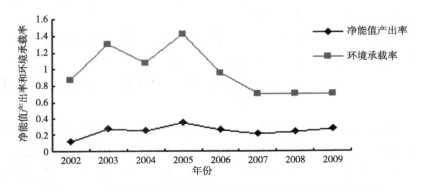

图14-16　天然草原亚系统净能值产出率和环境承载率变化趋势

Figure 14-16　Trends of emergy yield ratio and emergy loading ratio in the desert subsystem

14.4.3.4　环境承载率

2002—2009年，四墩子天然草原亚系统环境承载率先上升后下降，2005年达最大值1.42。环境承载率是指人工辅助能加上不可更新资源能值与可更新环境资源能值的比率。较高的环境承载率表明在天然草原亚系统中存在高强度的能值投入，这说明在天然草原的改良上投入了较大人力，加强了草原的管理和维护。

14.4.3.5　可持续发展指数

可持续发展指数是能值产出率与环境承载率之比。若1<ESI<10，则表明经济系统充满活力和发展潜力；若ESI>10，则表明经济系统不发达；若ESI<1，为消费型经济系统。从表14-7可以看出，2002—2009年的ESI变化一直在0.5以下。这说明四墩子天然草原亚系统属于消费型经济系统，这与该地区天然草地亚系统的发展主要靠有机能特别是人力的供给现状相符。

14.4.4　小结

（1）天然草原亚系统的能流中，投入部分为可更新环境资源（R）、不可更新环境资源（N）、工业辅助能投入（F）和有机能投入（R1）4部分；2007年前，不可更新环境资源（N）>有机能投入（R1）>可更新环境资源（R）>工业辅助能（F），2007年开始，有机能投入超过了不可更新能值的投入。

（2）2002—2009年总能值投入分别为：7.35E+18sej、6.05E+18sej、7.01E+18sej、6.40E+18sej、7.79E+18sej、9.14E+18sej、9.18E+18sej、9.14E+18sej。所以，天然草原亚系统中，能值的投入总体呈上升趋势。

从单位面积考虑，2002—2009年不可更新资源投入依次为：9.91E+14sej、9.91E+14sej、9.89E+14sej、9.89E+14sej、9.87E+14sej、9.87E+14sej、9.87E+14sej、9.87E+14sej，即不可更新资源投入能值逐渐下降。

（3）有机能投入中，人力占投入总能值的31%～49%；工业辅助能投入中，机械能值投入占总投入能值的不到1%。

（4）2002—2009年天然草原亚系统总产出能值分别为：3.55E+17sej、5.04E+17sej、6.54E+17sej、7.46E+17sej、8.85E+17sej、1.00E+18sej、1.11E+18sej、1.21E+18sej，呈逐渐增加的趋势。2009年单位面积产出能值比2002年多206%。

（5）能值投入率呈上升趋势，其值在0.65～0.96；能值自给率呈现下降的趋势，其值在0.51～0.61；净能值产出率总体上呈先上升后下降的趋势，其值在0.2～0.35波动；环境承载率先上升后下降，其值在0.71～1.30；可持续发展指数在0.5以下。

单位面积土壤净损耗能的下降，可以得出禁牧在缓解水土流失方面起到了积极作用。牧草产出能值的增加，体现出禁牧后牧草确实得到了休养生息，但从投入能值可以得知草原补播改良主要靠人力来完成，草原休养生息和恢复主要靠自然恢复。可持续发展指数体现出四墩子天然草原亚系统属于消费型经济系统。

禁牧使草原得以恢复，土壤损耗下降，禁牧具有可行性。但四墩子天然草原占总土地面积的73%，如果只禁牧不合理利用，势必会造成资源浪费，而天然草原仅靠初级产出物——牧草，它的能值较低，所以牧草必须通过家畜转化具有较高能值的畜产品才是最佳的选择。这样就出现禁牧与利用的矛盾，所以在以后应加强禁牧时间长短和草原合理利用等方面的研究。

14.5 家畜亚系统能值分析

14.5.1 家畜亚系统能值投入动态分析

家畜亚系统的能流中，根据实际情况，其投入部分分为工业辅助能（F）和有机能（R1）两部分；产出主要是按照产品产量所包含的能量折算为太阳能值计算而来，产出部分为羊肉、羊毛和羊粪，计算结果如表14-8所示。

表14-8 家畜亚系统能值投入与产出（sej）

Table 14-8 Emergy input-output of husbandry subsystem（sej）

项目	能值折算系数（sej/J）	2002	2003	2004	2005	2006	2007	2008	2009
工业辅助能投入（F）		6.06E+17	3.21E+18	3.07E+18	3.00E+18	3.10E+18	3.01E+18	3.18E+18	3.15E+18
农用电	159 000	3.98E+10	1.99E+11	1.99E+11	1.99E+11	1.99E+11	1.99E+11	1.99E+11	1.99E+11
燃油	66 000	3.08E+14	1.63E+15	1.56E+15	1.52E+15	1.57E+15	1.53E+15	1.62E+15	1.60E+15
农用机械	75 000 000	6.06E+17	3.21E+18	3.06E+18	3.00E+18	3.10E+18	3.01E+18	3.18E+18	3.15E+18
有机能投入（R1）		4.61E+17	2.44E+18	2.33E+18	2.28E+18	2.36E+18	2.29E+18	2.42E+18	2.39E+18
饲料	39 000	4.51E+17	2.39E+18	2.28E+18	2.23E+18	2.30E+18	2.24E+18	2.37E+18	2.34E+18
人力	380 000	1.02E+16	5.40E+16	5.15E+16	5.04E+16	5.21E+16	5.05E+16	5.35E+16	5.29E+16
总投入能值（T）		1.07E+18	5.65E+18	5.40E+18	5.28E+18	5.46E+18	5.30E+18	5.60E+18	5.54E+18

（续表）

项目	能值折算系数（sej/J）	2002	2003	2004	2005	2006	2007	2008	2009
产出									
羊肉	1.71	6.26E+17	6.15E+17	4.93E+17	5.85E+17	4.69E+17	6.67E+17	6.43E+17	7.02E+17
羊毛	3 840 000	3.29E+17	4.07E+17	5.63E+17	6.15E+17	6.04E+17	4.47E+17	4.49E+17	4.14E+17
羊粪	2 700 000	1.46E+15	1.81E+15	2.50E+15	2.73E+15	2.68E+15	1.98E+15	1.99E+15	1.84E+15
总产出能值（Y）		9.56E+17	1.02E+18	1.06E+18	1.20E+18	1.08E+18	1.12E+18	1.09E+18	1.12E+18

家畜亚系统是完全不同于农田、人工草地和天然草原亚系统的一个以生产次级产品肉、毛等为主的次级生产亚系统。就家畜本身单纯生产畜产品过程而言，和太阳能没有直接关系。所以，家畜亚系统中，能值投入为工业辅助能和有机能。

由表14-17可知，从2002—2009年四墩子家畜亚系统总能值投入分别为：1.07E+18sej、5.65E+18sej、5.40E+18sej、5.28E+18sej、5.46E+18sej、5.30E+18sej、5.60E+18sej、5.54E+18sej。其中，工业辅助能值的投入大于有机能投入，工业辅助能中农业机械占了绝大部分，99%以上；有机能投入中，饲料占主体，98%左右。

投入能中有一明显的变化（图14-17），即2003年家畜亚系统的能值投入中，工业辅助能和有机能投入呈直线上升，2003年以后缓慢增加。而2003年是盐池县禁牧的开局之年，禁牧后家畜由放牧转为舍饲，舍饲后饲草料的处理和羊只的饲喂等，需要花费较多的工业辅助能和有机能。

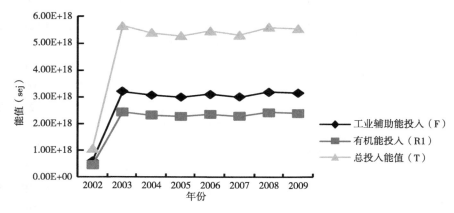

图14-17　家畜亚系统能值投入动态趋势

Figure 14-17　Input of emergy livestock subsystem from 2002 to 2009

14.5.2 家畜亚系统能值投入产出动态分析

由图14-18可知，2002—2009年家畜亚系统总产出能值分别为：9.56E+17sej、1.02E+18sej、1.06E+18sej、1.20E+18sej、1.08E+18sej、1.12E+18sej、1.09E+18sej、1.12E+18sej。其中，羊肉占56%左右，毛占44%左右，羊肥在能值产出中所占比重极小。

产出能值中畜肉和羊毛随着时间的推移都逐渐增加，而2005年产出能值较其他年份明显增加，主要是当年羊肉和羊毛产出能值相当，而其他年份，肉的产出能值较高时毛的产出能值较低，具有相互弥补的作用。

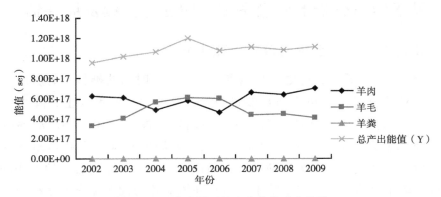

图14-18 家畜亚系统产出能值动态趋势

Figure 14-18 Output of emergy in the livestock subsystem form 2002 to 2009

14.5.3 小结

家畜亚系统是完全不同于农田、人工草地和天然草原亚系统的一个以生产次级产品肉、毛等为主的次级生产亚系统。就家畜本身单纯生产畜产品过程而言，和太阳能没有直接关系。所以，家畜亚系统中，能值投入为工业辅助能和有机能。

（1）2002—2009年四墩子家畜亚系统总能值投入分别为：1.07E+18sej、5.65E+18sej、5.40E+18sej、5.28E+18sej、5.46E+18sej、5.30E+18sej、5.60E+18sej、5.54E+18sej。其中，工业辅助能值的投入大于有机能投入，工业辅助能中农业机械占99%以上；有机能投入中，饲料占98%左右。

（2）投入能中有一明显的变化，即2003年家畜亚系统的能值投入中，工业辅助能和有机能投入呈直线上升，2003年以后缓慢增加。

（3）2002—2009年家畜亚系统总产出能值分别为：9.56E+17sej、1.02E+18sej、1.06E+18sej、1.20E+18sej、1.08E+18sej、1.12E+18sej、1.09E+18sej、1.12E+18sej。其中，羊肉占56%左右，毛占44%左右，羊肥在能值产出中所占比重极小。

投入能值中工业辅助能和有机能在2003年直线上升，因当年是盐池县禁牧的开局之年，禁牧后家畜由放牧转为舍饲，舍饲后饲草料的处理和羊只的饲喂等，需要花费较多的工业辅助能和有机能。

产出能值中畜肉和羊毛随着时间的推移都逐渐增加，而2005年产出能值较其他年份明显增加，主要是当年羊肉和羊毛产出能值相当，而其他年份，肉的产出能值较高时毛的产出能值较低，具有相互弥补的作用。这说明禁牧后滩羊的数量和羊肉、羊毛的产量稳中有升。

14.6 基于能值分析的四墩子草地农业可持续发展评估

14.6.1 草地农业生态系统能值投入变化分析

从图14-19可以看出，可更新自然资源投入随着时间的推移，有所波动，因为整个草地农业生态系统，可更新自然资源投入主要以降水量为主，降水量的波动引起了可更新自然资源投入的波动；不可更新资源投入，2005年以后逐渐趋于平稳，天然草原亚系统的能值分析中知道，由于禁牧的实施，天然草原不可更新环境资源的投入，即表土层损失逐渐减少，而四墩子天然草原占总土地面积的73%左右，所以四墩子草地农业生态系统不可更新环境资源的投入呈现了逐渐趋于平稳的态势，而工业辅助能和有机能的投入呈逐年增加的趋势。

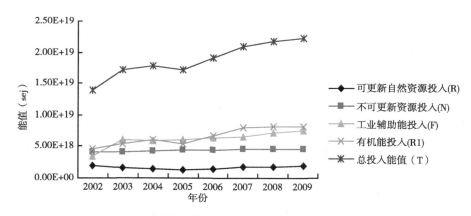

图14-19 四墩子草地农业生态系统能值投入变化趋势

Figure 14-19 Trends of emergy input in the Sidunzi grassland agroecosystem

从图14-19、图14-20可以看出，2002—2009年，四墩子草地农业生态系统能值投入主要是工业辅助能和有机能，占能值总投入的57%~71%，并且两者所占比例随着时间的推移逐渐增加。工业辅助能和有机能投入中，有机能平均占总投入能值的35%左右，而工业辅助能占总投入能值的32%左右。其次是不可更新资源，占总投入能值的24%左右，且所占比例随着时间的推移逐渐下降。在总能值投入中，可更新自然资源约占9%，所占比例随着时间的推移逐渐下降。

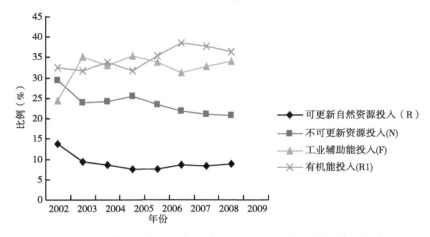

图14-20　四墩子草地农业生态系统各投入能值占投入能值的比例（％）

Figure 14-20　**Propotion of every emergy input to total emergy input in the Sidunzi grassland agroecosystem**

2002—2009年，四墩子草地农业生态系统不断加大了购买能值的投入，生产逐渐变被动为主动，在逐渐改变过去靠天吃饭的落后局面，但由于有机能的投入大于工业辅助能，有机能中人力占绝对优势，所以在生产中还是主要依靠人力。工业辅助能中2003年呈现出剧增的情况，与当年封山禁牧家畜舍饲增加了饲料加工中机械能、燃油和电力等有关。

14.6.2　草地农业生态系统能值产出变化分析

从表14-9可以看出，随着时间的推移，四墩子草地农业生态系统总产出能值在逐渐增加，2009年总产出能值是2002年的1.85倍。各亚系统中，农田、天然草原和家畜亚系统的产出能值逐渐增加，2009年产出能值分别是2002年的2.38倍、3.41倍和1.17倍。而人工草地的产出能值则趋于平稳。同时可以发现，在总产出能值中，农田亚系统的产出能值平均占63%，人工草地占21%，天然草原占7%，家畜亚系统占9%。这说明目前四墩子产出能值还是以农田为主，而占土地总面积73%的天然草原产出能值在4个亚系统中最少，一方面与天然草原产草低有关，另一方面与牧草的能值转化率低也是分不开的。要想天然草原产出能值在草地农业生态系统总产出能值中所占比例较高，必须借助家畜这个转化器，将牧草能转化为能值转化率高的畜产品才能实现，当然还必须保持天然草原亚系统的健康持续发展。

表14-9　四墩子草地农业生态系统各亚系统能值产出汇总表（sej）

Table 14-9　Emergy output total table of each subsystem in the Sidunzi grassland agroecosystem（sej）

年份	农田亚系统能值产出	人工草地亚系统能值产出	天然草原亚系统能值产出	家畜亚系统能值产出	总产出能值
2002	4.62E+18	2.75E+18	3.55E+17	9.56E+17	8.69E+18
2003	4.78E+18	2.80E+18	5.04E+17	1.02E+18	9.11E+18
2004	4.11E+18	1.80E+18	6.54E+17	1.06E+18	7.63E+18
2005	6.43E+18	2.15E+18	7.46E+17	1.20E+18	1.05E+19
2006	8.58E+18	2.02E+18	8.85E+17	1.08E+18	1.26E+19
2007	9.87E+18	2.64E+18	1.00E+18	1.12E+18	1.46E+19
2008	1.00E+19	2.54E+18	1.11E+18	1.09E+18	1.48E+19
2009	1.10E+19	2.75E+18	1.21E+18	1.12E+18	1.61E+19

14.6.3　草地农业生态系统主要能值指标分析

根据投入与产出所包含的项目及计算结果，建立了四墩子草地农业生态系统能值分析指标体系，具体含义及计算结果如表14-10所示。

表14-10　四墩子草地农业生态系统能值分析指标体系（sej）

Table 14-10　Emergy analysis index system of grassland agroecosystem（sej）

年份	2002	2003	2004	2005	2006	2007	2008	2009
可更新有机能/总辅助能值（%）	0.57	0.47	0.51	0.47	0.51	0.55	0.53	0.52
总辅助能值/总投入能值（%）	0.57	0.67	0.67	0.67	0.69	0.70	0.71	0.71
不可更新工业辅助能/总辅助能值（%）	0.43	0.53	0.49	0.53	0.49	0.45	0.47	0.48
不可更新工业辅助能/总投入能值（%）	0.24	0.35	0.33	0.35	0.34	0.31	0.33	0.34
能值投入率	1.32	2.02	2.04	2.03	2.24	2.29	2.40	2.38
能值自给率（%）	43	33	33	33	31	30	29	30
净能值产出率	1.10	0.79	0.64	0.91	0.96	1.00	0.97	1.03
环境承载率	1.16	1.44	1.35	1.56	1.33	1.12	1.17	1.21
系统可持续发展指数	0.94	0.55	0.47	0.59	0.72	0.89	0.82	0.85

14.6.3.1　能值投入率

能值投入率是反映系统对环境资源利用程度的重要指标。2002—2009年，四墩子能值投入率一直处于上升趋势（图14-21）。从数值结果可以看出（表14-10），四墩子草地农业生态系统能值投入率较低，在1.32～2.38，与甘肃（2.08）、新疆（2.14）相类似，远低于日本（8.52），也低于世界平均值。这表明四墩子发展经济过程中主要依赖本地资源，相对而言其生产的产品具有较强的竞争力。同时也表明四墩子草地农业生态系统处于较为原始状态，资源利用率与产出率都较低，应加大工业辅助能值的投入，更好地开发本地资源，提高社会经济能力。

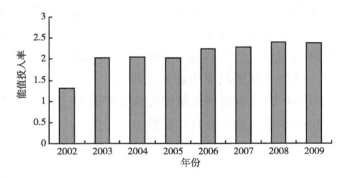

图14-21 四墩子草地农业生态系统能值投入率变化趋势

Figure 14-21 Trends of emergy investment ratio of Sidunzi grassland agroecosystem

14.6.3.2 能值自给率

该指标表明系统对自然环境的依赖程度和自然环境资源能值对经济发展所作的贡献。能值自给率越高，说明自然环境的支持能力越强，也说明经济发展程度不高。从数值结果可以看出，四墩子草地农业生态系统能值自给率在0.29～0.43，与甘肃（0.33），远低于新疆（0.94）、浙江（0.84）。从图14-22可以看出，四墩子草地农业生态系统能值自给率呈现下降的趋势，主要是因为随着时间的推移，人们对草地农业生态系统的工业辅助能和有机能加大了投入，使得该系统的发展对环境的依赖程度降低，经济发展程度得以提高。

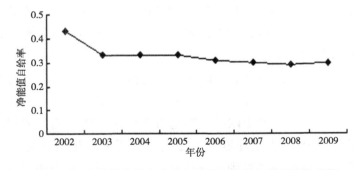

图14-22 四墩子草地农业生态系统净能值自给率变化趋势

Figure 14-22 Trends of emergy self-suport ration in the Sidunzi grassland agroecosystem

14.6.3.3　净能值产出率

　　净能值产出率是评价基本能源利用的指标，判断资源的使用是否具有效益，它等于产出的能值除以自经济系统反馈的能值，如果生产过程产出的能值大于自经济系统投入的能值，则该能源或经济系统的净能值产出率大于1。

　　净能值产出率是衡量系统产出对经济贡献大小的指标，与经济分析中的"产投比"（产出/投入比）相似，是衡量系统生产效率的一种标准。该值越高，表明系统获得一定的经济能值投入，生产出来的产品能值（产出能值）越高。但是具有过高净能值产出率的产品在交换时处于不利地位，因为购买者只支付人类劳动所付出的代价，而不支付环境代价，产品供应方面临自然资源耗尽的危险。由表14-10、图14-23可以看出，四墩子草地农业生态系统净能产出率在1左右，而中国农业系统的净能值产出率仅为0.27，表明该系统的能值生产是有一定竞争优势的，要比中国农业系统的平均生产水平发达，并且比较稳定。

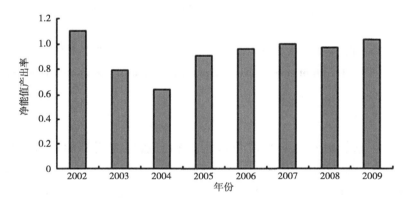

图14-23　四墩子草地农业生态系统净能值产出率变化趋势

Figure 14-23　Trends of emergy yield ration in the Sidunzi grassland agroecosystem

14.6.3.4　环境承载率

　　环境承载率为购买的和不可更新资源的能值与可更新资源能值的比值。环境负荷率是对经济系统的一种警示，若系统长期处于较高的环境承载率下，系统将产生不可逆转的功能退化或丧失。

　　由图14-24可以看出，四墩子草地农业生态系统环境承载率随着时间的推移，呈现先升高后下降的趋势，其值在1.12～1.56。该值低于海南（2.44），也低于中国平均值（2.80）。一方面说明四墩子草地农业生态系统在能值利用上的技术水平不高，另一方面也反映了当地环境所承受的压力不大。虽然该地区环境承载率很低，但是由于研究区草地原来受到剥夺性利用，生态环境脆弱和大量的能值输出，生态问题还需认真对待。

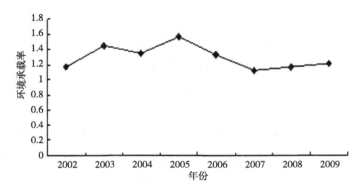

图14-24　四墩子草地农业生态系统环境承载率变化趋势

Figure 14-24　Trends of emergy loading ratio in the Sidunzi grassland agroecosystem

14.6.3.5　可持续发展指数

从表14-10可以看出，可持续发展指数有一个下降时段，出现在2002—2004年，一个攀升时段，出现2007—2009年。平均值在0.73左右。

由表14-10和图14-24可以清晰地看到，2002—2009年，受净能值产出率下降而环境承载率上升的影响，四墩子草地农业生态系统可持续发展指数发生明显波动，从整个系统生产实际来看，造成ESI值下降的原因主要是，在此期间由于输入能（化肥、电力等）能值增加，但相应的总产出能值并未大幅度提高，进而降低了系统能产出率，同时增加了系统的环境承载率，最终导致系统的可持续发展指数降低。研究表明，ESI<1时为消费型经济系统；1<ESI<10时，经济系统富有活力和发展潜力；ESI>10时，是经济不发达的象征。四墩子草地农业生态系统可持续发展指数在0.73左右，说明四墩子草地农业生态系统属于消费型经济系统。

14.6.4　小结

（1）从2002—2009年，四墩子草地农业生态系统能值投入主要是工业辅助能和有机能，占能值总投入的57%～71%，并且两者所占比例随着时间的推移逐渐增加。工业辅助能和有机能投入中，有机能平均占总投入能值的35%左右，而工业辅助能占总投入能值的32%左右。其次是不可更新资源，占总投入能值的24%左右，且所占比例随着时间的推移逐渐下降。在总能值投入中，可更新自然资源约占9%，所占比例随着时间的推移逐渐下降。

（2）随着时间的推移，四墩子草地农业生态系统总产出能值在逐渐增加，2009年总产出能值是2002年的1.85倍。各亚系统中，农田、天然草原和家畜亚系统的产出能值逐渐增加，而人工草地的产出能值则趋于平稳。在总产出能值中，农田亚系统的产出能值平均占63%，人工草地占21%，天然草原占7%，家畜亚系统占9%。

（3）四墩子草地农业生态系统能值投入率一直处于上升趋势，其值在1.32～2.38；能值自给率在0.29～0.43，呈现下降趋势；净能产出率在1左右；环境承载率随着时间的推移，呈现先升高后下降的趋势，其值在1.12～1.56；可持续发展指数平均值在0.73左右，属于消费型经济系统。

从以上结论可以看出，2002—2009年，四墩子草地农业生态系统不断加大了购买能值的投入，生产逐渐变被动为主动，在逐渐改变过去靠天吃饭的落后局面，但由于有机能的投入大于工业辅助能，有机能中人力占绝对优势。目前四墩子产出能值还是以农田为主，而占土地总面积73%的天然草原产出能值在4个亚系统中最少，一方面与天然草原产草低有关，另一方面与牧草的能值转化率低也是分不开的。

所以，以后的生产中要逐渐加大机械能的投入，更好地开发本地资源，特别是富有活力和发展潜力的人工草地，应适当增加种植比例，科学种植、科学管理。同时，要抓好畜牧环节，因为畜牧业是草地农业生态系统中最活跃的环节，该环节可将农田亚系统、人工草地亚系统和天然草原系统的产物转化为能值更高的畜产品，同时可为这3个亚系统提供良好的有机肥。通过发展畜牧业，加大人力、财力和科技的投入，重视能值的开发，接收外界高品质的能值财富反馈，使总的可利用的能值财富获得最大限度的增长，以促进该地区草地农业生态系统的可持续发展。

14.7　结论与展望

14.7.1　主要结论

本研究基于能值分析理论对宁夏盐池县半荒漠风沙区草地农业生态系统可持续发展状况进行了动态分析，结论如下。

（1）农田亚系统投入能值组成部分中，随着时间的推移，都呈现出上升的趋势，并且它们之间的大小顺序一直保持了工业辅助能（F）>有机能投入（R1）>不可更新资源投入（N）>可更新自然资源投入（R）。工业辅助能平均占总投入能值的60%左右，化肥施用量较高，有机肥的投入量偏低。人力投入平均占总能值投入的19%，而农用机械平均占总能值投入的14%。

系统的产出能值由小麦、玉米、薯类、秸秆、蔬菜、油料、药材、瓜类等农作物所构成。玉米、瓜类和油料类作物的产出量占能值产出的大部分。并且随着时间的推移逐渐升高；薯类、蔬菜、药材所占比重较小，变化趋势不太明显；而小麦2002年的产出能值所占比例较大，但随着时间的推移，逐渐下降，到2009年，产出能值为零；秸秆则趋于平稳。

（2）四墩子农田亚系统能值自给率在18.33%～21.37%呈不规则的变化，但总体呈降低的趋势。能值投资率也在波动中上升。环境承载率呈上升趋势，值在2.11～2.63波动。净能值产出率总体上呈上升趋势，其值在1.55～2.52波动。受净能值产出率下降而环境承载率上升的影响，四墩子农田亚系统的可持续发展指数总体上呈倒"N"形，其值在0.69～1.2波动，均值小于1，说明四墩子农田亚系统属于消费型经济系统。

（3）四墩子人工草地亚系统的能流中，投入部分也分为可更新环境资源（R）、不可更新环境资源（N）、不可更新工业辅助能（F）和可更新有机能（R1）4部分；投入部分中不可更新工业辅助能（F）大于可更新环境资源（R）、不可更新环境资源（N）和可更新有机能（R1）3种；不可更新工业辅助能中以农用机械、农用电和燃油为主，化肥所占比重很小，农用机械投入呈现出波动式增加；而可更新环境资源（R）、不可更新环境资源（N）和可更新有机能（R1）所占比重相当。可更新有机能中，人力占主体，该地区人工草地亚系统在向机械作业逐步转变。产出部分为首蓿干草和青贮玉米，两者随着时间的推移都有所波动，总体趋势呈先下降后上升。

（4）四墩子人工草地随着年份的推移，能值投入率呈现下降的趋势。最低值1.86和最高值2.26均低于发达地区广东省1997年种植业系统（6.05）和全国农业系统平均水平（4.93）。能值自给率在30.73%～34.90%，但总体呈升高的趋势。环境承载率呈上升趋势，其值在1.63～2.39波动，中间略有上升。净能值产出率呈现波动式增加。可持续发展指数在0.70～1.33，均值为1.1，说明四墩子人工草地亚系统富有活力和发展潜力。

（5）四墩子天然草原亚系统的投入能值中，2007年前，不可更新环境资源（N）>有机能投入（R1）>可更新环境资源（R）>工业辅助能（F），2007年开始，有机能投入超过了不可更新能值的投入。草原补播改良主要靠人力来完成。天然草地亚系统主要产出为牧草，随着时间的推移，呈现逐渐增加的趋势。

（6）四墩子天然草原亚系统能值投入率呈上升趋势。能值自给率呈现下降的趋势。净能值产出率总体上呈先上升后下降的趋势，其值在0.2～0.35波动。环境承载率先上升后下降，其值在0.71～1.30。2002—2009年的ESI变化一直在0.5以下。说明四墩子天然草原亚系统属于消费型经济系统。

（7）家畜亚系统的能流中，根据实际情况，其投入部分分为工业辅助能（F）和有机能（R1）两部分，并且工业辅助能值的投入一直大于有机能投入。工业辅助能中农业机械占绝大部分，99%以上；有机能投入中，饲料占主体，98%左右。产出能值主要是羊肉、羊毛，平均计算，羊肉占56%左右，毛占44%左右，羊肥在能值产出中所占比重极小。

（8）从2002—2009年四墩子草地农业生态系统能值投入主要是工业辅助能和有机能，占能值总投入的57%～71%，且两者所占比例逐渐增加。不可更新资源，占总投入能值的24%左右，且所占比例逐渐下降。可更新自然资源占总能值投入能值的9%左右，所占比例逐渐下降。

（9）随着时间的推移，四墩子草地农业生态系统总产出能值在逐渐增加。在总产出能值中，农田亚系统的产出能值平均占63%，人工草地占21%，天然草原占7%，家畜亚系统占9%。

（10）四墩子草地农业生态系统能值投入率一直呈上升趋势，其值在1.32~2.38；能值自给率在0.29~0.43，呈现下降趋势；净能产出率在1左右；环境承载率随着时间的推移，呈现先升高后下降的趋势，其值在1.12~1.56；可持续发展指数平均值在0.73左右，属于消费型经济系统。

14.7.2 可持续发展的几点建议

能值理论认为，一个系统具有较高的能值产出率和相对较低的环境承载率，该系统将与外界环境保持良好的能量和物资的交换，提高自身的平衡能力，实现可持续发展。因此，针对四墩子持续发展所存在的一系列问题，提出以下几点建议。

（1）干旱是威胁四墩子草地农业发展的重要因素，土壤贫瘠、农业产出低等问题均与水资源的短缺相关，由于该区地表水资源缺乏，农业灌溉用水主要来自黄河水和灌溉水，而近年来由于黄河水量减少，农业用水量却逐渐增加，水资源的供求矛盾成为影响依靠黄河水生产生活地区可持续发展的关键限制因素。在以后的草地农业生产开发中，应更加重视水资源的节约利用和合理分配。如采取计划用水、定额灌溉等措施使供水与作物需水同步化；引进滴灌、喷灌等先进灌溉技术；通过改进耕作制度、多施有机肥等措施提高土壤保水能力。

（2）四墩子耕地资源十分有限，且后备资源不足，农耕地盲目过量使用化肥农药，采取大水漫灌等行为导致土壤肥力下降、盐碱化等问题日趋严重。保护耕地资源是促进农业持续发展的重要举措。耕地资源的有效利用和保护须做到以下几点：第一，加强基本农田特别是灌溉水田的保护，杜绝土地滥垦、撂荒、非法占用灌溉水田等行为；第二，调整土地利用结构，合理分配农林牧用地；第三，改造中低产田，培肥地力，提高单位面积的产出率。一些旱作耕地土壤肥力低、有机质少、漏水漏肥现象严重，可采取高温堆肥、种植绿肥、城粪下乡等措施增加有机肥施用量，培育土壤肥力。

（3）要压缩粮食种植面积、建植优质人工草地、推进草食动物的发展，恢复草地畜牧业的主产业地位，实现农牧耦合，是农牧交错带调整产业架构的重要途径。在退耕地上大力发展人工草地，建立优质高产饲料基地；在农田上优化作物品种结构，实行保护型耕作种植，减轻冬春裸露农田造成的起尘扬沙，实施草田轮作，使土地得以休养生息，可以显著提高土壤肥力。农牧结合应走牧草种植与作物种植相结合、放牧与舍饲相结合、优质牧草与秸秆利用相结合，充分利用夏季牧草生长速度快、消化率高的特点，配以精料和农副产品补饲，进行季节育肥，快速出栏，发展季节性畜牧业。

（4）工业辅助能具有不可更新性、有限性和对环境的压迫性，过量投入将不利于农业系统的可持续发展。工业辅助能中大部分化肥均投入灌溉农田中，一些旱作农区耕地的化肥施用量很低甚至为零投入，这会导致本已贫瘠的土地越加贫瘠，继而出现弃耕撂荒现象，广种薄收的经营方式限制了农业的高产和土地资源的持续利用。所以应适当限制灌溉农区的化肥用量，增加旱作农区用量。四墩子农膜使用量低，针对该地区光热资源丰富、水资源短缺的情况，可适量加大农膜的使用量，以提高作物光能利用率和土壤保水能力，但应尽量使用可降解的塑料薄膜，并对废弃地膜进行回收，减少其对土壤结构的伤害。

（5）加强科学知识的普及，加大科研力度，政府、群众和科研人员一道找出一条适合本地发展的实用的草原禁牧、利用方式和方法，找出一条农林牧共同发展、共同繁荣的路子。

14.7.3 研究展望

本研究尚存在一些问题及在以后的工作中有待完善之处，主要表现在如下方面。

（1）资料收集的完备性问题。能值分析的基础是来自自然环境和社会经济的统计资料，由于不同时期相关数据调查、统计方法的不同及某些资料的缺失，长时间序列的数值变化趋势存在异常在所难免。种子、有机肥的使用量因其年际变化大，收集难，统计部门数据也出现了一些不平衡，访问个别农户所得的数据无法反映多年的变化，但只能以某一固定值简化处理，这会造成数据的不准确性，并且难以收集齐备。今后的工作中，应进一步收集相关资料，以弥补因资料缺失而造成的分析不够。

（2）能值分析理论的自身缺陷。在农业生态经济系统研究中能值分析理论应用较多。能值分析理论正处于不断发展和完善阶段，存在一些缺陷。最主要的是能值转换率问题，由于能值转换率计算起来比较复杂，尽管Odum及其同行已计算出自然界和人类社会主要能量类型和物质的能值转换率，能够满足较大范围的能值分析需要，可是生产水平和效益的差异使能值转换率有一定程度的差别。在经济系统异质性普遍存在的情况下，对于许多资源或产品使用单一的转换率是不准确的。四墩子草地农业生态系统投入、产出项目的能值转换率主要参考学者们在农业生态经济系统中的已有研究，但因尺度和地区的差异性，仍存在很多问题。建立适用于不同等级和尺度的各种能值转换率，进一步完善适用于不同评价需要的能值分析指标体系，应是今后一段时期的工作重点。

（3）禁牧前后，盐池县历年都进行牧草补播，以柠条和灌木为主。而本研究收集数据时由于灌木产量方面，可收集的数据较少，并且没有连续性，所以未能反映在本研究中。

家畜亚系统研究中，因为禁牧，所以只以舍饲羊为研究对象，没有将其他家畜列入其中，而且羊只的研究中，未将饲料来源作统计分析，主要是因为统计数据存在不连贯性所致。今后的工作中，应进一步收集相关资料，以弥补因资料缺失而造成的分析不够。

（4）不同时期，不同商品的价格不同，价格因素可能是引起某种（些）投入能值或产出增加或减少的内在原因，因无法收集相关资料，所以在本研究中没有反映。在以后的工作中，应收集相关资料。

参考文献

宝文杰. 2011. 内蒙古草原畜牧业可持续发展研究[D]. 呼和浩特：内蒙古财经学院.

卞建民，李凤全. 2001. 松嫩平原西部生态环境脆弱性及成因分析[J]. 国土开发与整治（1）：18-21.

陈炳卿，李丹，王贤珍. 1990. 缺铁与动物行为[J]. 国外医学（卫生学分册）（4）：223-227.

陈丽，姜惠武，张红光. 2009. 土壤氮素矿化的影响因子及研究趋势[J]. 林业勘查设计（2）：59-60.

陈佐忠，汪诗平. 2000. 中国典型草原生态系统[M]. 北京：科学出版社.

程素琦，张效良，何子安，等. 1988. 热环境下缺钾的影响及钾需要量的探讨[J]. 营养学报，10（1）：1-7.

丛英利. 2014. 新疆天山北坡中段牧区家庭牧场资源优化生产经营模式的分析研究[D]. 兰州：兰州大学.

董宽虎，靳宗立，张建强，等. 1994. 亚高山草甸不同坡向牧草产量动态的研究[J]. 草地学报，2（2）：42，74-78.

董世伟，李芸，刘静静，等. 2014. 不同饲喂水平对陶寒杂交哺乳母羊及羔羊生长性能的影响[J]. 中国草食动物科学（S1）：251-253.

杜岩功，梁东营，曹广民，等. 2008. 放牧强度对嵩草草甸草毡表层及草地营养和水分利用的影响[J]. 草业学报，17（3）：146-150.

樊才睿，李畅游，孙标，等. 2017. 不同放牧制度对呼伦贝尔草原径流中磷流失模拟研究[J]. 水土保持学报，31（1）：17-23.

范怀欣. 2012. 松嫩平原百年气候时空变化研究[D]. 哈尔滨：哈尔滨师范大学.

房健. 2005. 舍饲绵羊饲草组合效应的研究[D]. 长春：东北师范大学.

房健. 2013. 不同体尺大型草食动物采食对松嫩草地植被特征的响应及作用研究[D]. 长春：东北师范大学.

宫海静，王德利. 2006. 草地放牧系统优化模型的研究进展[J]. 草业学报，16（6）：1-8.

郭继勋，姜世成，孙刚. 1998. 松嫩平原盐碱化草地治理方法的比较研究[J]. 应用生态学报，9（4）：425-428.

郭金双，孔祥浩. 1997. 反刍家畜饲料蛋白质营养价值评定方法研究进展[J]. 张家口农专学报，13（1）：51-55.

韩博平. 1994. 生态系统稳定性：概念及其表征[J]. 华南师范大学学报（自然科学版）（2）：37-45.

韩国栋，卫智军，许志信. 2001. 短花针茅草原划区轮牧试验研究[J]. 内蒙古农业大学学报，22（1）：60-67.

侯扶江，宁娇，冯琦胜. 2016. 草原放牧系统的类型与生产力[J]. 草业科学，33（3）：353-367.

胡红莲. 2005. 不同放牧时期放牧绵羊营养限制因素及冬季优化补饲的研究[D]. 呼和浩特：内蒙古农业大学.

胡向敏，侯向阳，陈海军，等. 2014. 不同放牧制度下短花针茅荒漠草原根系碳储量动态[J]. 中国草地学报，36（4）：13-17.

黄方，刘湘南，王平，等. 2003. 松嫩平原西部地区土地利用/覆被变化的驱动力分析[J]. 水土保持学报，17（6）：14-17.

黄富祥，高琼，赵世勇. 2000. 生态学视角下的草地载畜量概念[J]. 草业学报，9（3）：48-57.

黄建辉，韩兴国. 1995. 生物多样性和生态系统稳定性[J]. 生物多样性（1）：31-37.

黄月. 2012. 基于草地植物空间格局的绵羊采食选择与植物联合防御研究[D]. 长春：东北师范大学.

贾树海，郭宝峰，董海峰，等. 1996. 锡林河沿河草甸人工草地的建立与土壤的盐渍化[J]. 中国草地（4）：14-17.

姜恕. 1988. 草地生态研究方法[M]. 北京：农业出版社.

康顺之. 1989. Acnauapa对公牛生长的影响[J]. 国外畜牧学（饲料）（6）：40-41.

李博. 1997. 中国北方草地退化及其防治对策[J]. 中国农业科学，30（6）：1-9.

李建东，郑慧莹. 1995. 松嫩平原碱化草地的生态恢复及其优化模式[J]. 东北师大学报（自然科学版）（3）：67-71.

李建平，赵江洪，张柏，等. 2006. 吉林省西部草地动态变化研究[J]. 水土保持学报，20（1）：126-130.

李静. 2014. 大型草食动物采食空间异质性的初步研究[D]. 长春：东北师范大学.

李青丰. 2005. 草地畜牧业以及草原生态保护的调研及建议（1）—禁牧舍饲、季节性休牧和划区轮牧[J]. 内蒙古草业，17（1）：25-28.

李琰琰. 2016. 内蒙古草原放牧肉牛育肥期补饲量的研究[D]. 哈尔滨：东北农业大学.

李冶兴. 2010. 绵羊采食选择与植物联合防御的初步研究[D]. 长春：东北师范大学.

李英才，王永谦，倪永安，等. 1991. 东北细毛羊导入澳血的研究报告[J]. 辽宁畜牧兽医（5）：23-27.

李振武，许鹏. 1993. 天山北坡低山带春秋场优势种牧草的再生性能1. 几种优势种牧草再生性能的观测[J]. 中国草地（5）：18-24.

林慧龙，侯扶江，任继周. 2008. 放牧家畜的践踏强度指标探讨[J]. 草业学报，17
（1）：85-92.

刘鞠善. 2012. 绵羊口液对羊草生长的作用机制研究[D]. 长春：东北师范大学.

刘军. 2015. 放牧对松嫩草地植物多样性、生产力的作用及机制[D]. 长春：东北师
范大学.

刘利，王赫，林长存，等. 2012. 松嫩草原榆树疏林对不同干扰的响应[J]. 生态学
报，32（1）：74-80.

刘莉莉，初芹，徐青，等. 2012. 动物冷应激的研究进展[J]. 安徽农业科学，40
（16）：8 937-8 940.

刘晓媛. 2013. 放牧方式对草地植被多样性与稳定性关系的影响[D]. 长春：东北师
范大学.

刘颖，王德利，韩士杰，等. 2004. 放牧强度对羊草草地植被再生性能的影响[J]. 草
业学报，13（6）：39-44.

刘颖，王德利，王旭，等. 2002. 放牧强度对羊草草地植被特征的影响[J]. 草业学
报，11（2）：22-28.

刘占发，张振伟，叶勇，等. 2011. 日粮不同能量水平对中卫山羊育成母羊增重与
屠宰性能的影响[J]. 中国草食动物，31（2）：26-27.

卢德勋. 1989. 浅谈羊饲养标准的研究[J]. 内蒙古畜牧科学（3）：1-4.

罗新正，朱坦，孙广友，等. 2003. 松嫩平原湿地荒漠化现状、成因和对策[J]. 中国
沙漠，23（4）：38-44.

罗新正，朱坦，孙广友. 2002. 人类活动对松嫩平原生态环境的影响[J]. 中国人口·资
源与环境，12（4）：96-101.

马风云. 2002. 生态系统稳定性若干问题研究评述[J]. 中国沙漠，22（4）：94-100.

马俊峰，高伟，归静，等. 2016. 西藏阿里草地气候生产力对气候变化的响应[J]. 家
畜生态学报，37（10）：55-60.

马克平，黄建辉，于顺利，等. 1995. 北京东灵山地区植物群落多样性的研究 Ⅱ. 丰
富度、均匀度和物种多样性指数[J]. 生态学报，15（3）：24-32.

马全会. 2015. 氮沉降背景下放牧对草甸草原植物群落特征的影响[D]. 长春：东北
师范大学.

牛健英，孙恒华，马洪祥，等. 1989. 优质细毛羊选育工作总结[J]. 黑龙江畜牧兽医
（12）：6-9.

彭祺，王宁. 2005. 不同放牧制度对草地植被的影响[J]. 农业科学研究，26（1）：
27-30.

乔国华，余成群，李锦华. 2013. 反刍动物日粮能量与氮素的同步化[J]. 黑龙江畜牧

兽医（9）：23-25.

丘立和，陈贵喜，韩盛兰，等.1990.家畜低钾血症、缺钾的基本病理生理与临床诊治[J].畜牧兽医学报，21（2）：161-166.

邱家祥，米克热木·沙衣布扎提，赵红琼.2008.家禽冷应激研究进展[J].动物医学进展，29（3）：96-101.

任继周，侯扶江，胥刚.2011.放牧管理的现代化转型——我国亟待补上的一课[J].草业科学，28（10）：1 745-1 754.

戎郁萍，韩建国，王培，等.2001.放牧强度对草地土壤理化性质的影响[J].中国草地，23（4）：41-47.

戎郁萍，韩建国，王培，等.2001.放牧强度对牧草再生性能的影响[J].草地学报，9（2）：92-98.

邵凯，徐桂梅，荣威恒，等.1997.中国北方放牧绵羊硒的营养状况和季节变化[J].内蒙古畜牧科学（S1）：202-205.

孙海霞.2007.松嫩平原农牧交错区绵羊放牧系统粗饲料利用的研究[D].长春：东北师范大学.

滕星，王德利，程志茹，等.2004.不同放牧强度下绵羊采食方式的变化特征[J].草业学报，13（2）：67-72.

滕星.2010.羊草草地放牧绵羊的采食与践踏作用研究[D].长春：东北师范大学.

田丰，王文焕，李新贵.1995.论松嫩草地资源[J].黑龙江畜牧兽医（4）：16-17.

田志珍，常生华，肖金玉，等.2004.滩羊体重对放牧强度的短期效应[J].家畜生态，25（2）：26-31.

汪诗平，王艳芬，李永宏，等.1998.不同放牧率对草原牧草再生性能和地上净初级生产力的影响[J].草地学报，6（4）：275-281.

王德利，林海俊，金晓明.1996.吉林西部草原牧草资源的生物多样性研究[J].东北师大学报（自然科学）（3）：103-107.

王德利，吕新龙，罗卫东.1996.不同放牧密度对草原植被特征的影响分析[J].草业学报，5（3）：28-33.

王德利，王岭.2011.草食动物与草地植物多样性的互作关系研究进展[J].草地学报，19（4）：699-704.

王德利.2001.草地植被结构对奶牛放牧强度的反应特征[J].东北师大学报（自然科学版），33（3）：73-79

王关区.2006.我国草原退化加剧的深层次原因探析[J].内蒙古社会科学（汉文版），27（4）：1-6.

王国宏.2002.再论生物多样性与生态系统的稳定性[J].生物多样性，10（1）：126-134.

王洪荣，冯宗慈，卢德勋，等.1993.草地牧草饲料的营养动态与放牧绵羊营养限制因素的研究[J].内蒙古畜牧科学（4）：1-5.

王克平，娄玉杰，成文革，等.2005.吉生羊草营养物质动态变化规律的研究[J].草业科学，22（8）：24-27.

王岭，王德利.2007.放牧家畜食性选择机制研究进展[J].应用生态学报，18（1）：205-211.

王岭.2010.大型草食动物采食对植物多样性与空间格局的响应及行为适应机制[D].长春：东北师范大学.

王明玖，马长升.1994.两种方法估算草地载畜量的研究[J].中国草地学报（5）：19-22.

王明玖，马长升.1994.两种方法估算草地载畜量的研究[J].中国草地（5）：19-22.

王宁.1980.提高草原生产能力的一条重要途径——宁夏滩羊"三高一快"试验研究初报[J].中国草地学报，4：36-41.

王启兰，王长庭，杜岩功.2008.放牧对高寒嵩草草甸土壤微生物量碳的影响及其与土壤环境的关系[J].草业学报，17（2）：39-46.

王统石.2007.饲料配方的经济学原理[J].饲料博览（技术版）（5）：36-37.

王万春，徐辉碧.1989.微量元素锰的代谢[J].微量元素（2）：5-8.

王玉辉，何兴元，周广胜.2002.放牧强度对羊草草原的影响[J].草地学报，10（1）：45-49.

王振来，钟艳玲，路广计，等.2003.动物缺锌的临床症状及防治措施[J].中国动物保健（9）：25-26.

卫智军，韩国栋，邢旗，等.2000.短花针茅草原划区轮牧与自由放牧比较研究[J].内蒙古农业大学学报（自然科学版），21（4）：46-49.

吴泠.2005.松嫩平原农牧交错区优化生态—生产范式[D].北京：中国科学院研究生院.

吴铁城.1986.我省引进澳洲美利奴种公羊[J].辽宁畜牧兽医（3）：47.

辛晓平，张保辉，李刚，等.2009.1982—2003年中国草地生物量时空格局变化研究[J].自然资源学报，24（9）：1 582-1 592.

徐敏云.2014.草地载畜量研究进展：中国草畜平衡研究困境与展望[J].草业学报，23（5）：321-329.

徐微.2005.松嫩羊草草地放牧梯度上土壤微生物和根系分泌物的初步研究[D].长春：东北师范大学.

许晴，张放，许中旗，等.2011.Simpson指数和Shannon-Wiener指数若干特征的分析及"稀释效应"[J].草业科学，28（4）：527-531.

闫瑞瑞，卫智军，辛晓平，等.2010.放牧制度对荒漠草原生态系统土壤养分状况的影响[J]. 生态学报，30（1）：43-51.

闫瑞瑞. 2008. 不同放牧制度对短花针茅荒漠草原植被与土壤影响的研究[D]. 呼和
浩特：内蒙古农业大学.

杨博，吴建平，杨联，等. 2012. 中国北方草原草畜代谢能平衡分析与对策研究[J].
草业学报，21（2）：187-195.

杨飞，姚作芳，宋佳，等. 2012. 松嫩平原作物生长季气候和作物生育期的时空变
化特征[J]. 中国农业气象，33（1）：18-26.

杨红建. 2003. 肉牛和肉用羊饲养标准起草与制定研究[D]. 北京：中国农业科学院.

杨静，李勤奋，杨尚明，等. 2001. 两种放牧制度下的牧草营养价值及绵羊对营养
的摄食[J]. 内蒙古畜牧科学，22（6）：8-10.

杨允菲，李建东. 2001. 东北草原羊草种群单穗数量性状的生态可塑性[J]. 生态学
报，21（5）：752-758.

杨智明，李建龙，杜广明，等. 2010. 宁夏滩羊放牧系统草地利用率及草畜平衡性
研究[J]. 草业学报，19（1）：35-41.

杨智明，李建龙，干晓宇，等. 2009. 宁夏滩羊放牧系统草群数量特征对不同放牧
强度的响应[J]. 中国草地学报，31（3）：20-25.

杨智明，王宁，张志强. 2004. 放牧对草原生态系统的影响—Ⅰ. 放牧对草原土壤的
影响[J]. 宁夏农学院学报，25（1）：70-72.

杨智明，王琴，杨刚，等. 2006. 滩羊不同放牧强度对盐池草地植被组成的影响[J].
草业科学，23（8）：68-72.

杨智明，王琴. 2007. 放牧对草原植物的影响[J]. 当代畜牧（6）：43-46.

衣保中. 2003. 清代以来东北草原的开发及其生态环境代价[J]. 中国农史（4）：
113-120.

袁霞. 2015. 松嫩草地土壤微生物对植物及草食家畜放牧的响应机制[D]. 长春：东
北师范大学.

张步翀，李凤民，黄高宝. 2006. 生物多样性对生态系统功能及其稳定性的影响[J].
中国生态农业学报（4）：12-15.

张光波. 2011. 草地不同植物多样性背景下放牧对植物和土壤生态化学计量学特征
的影响[D]. 长春：东北师范大学.

张海军. 2010. 2000—2009年东北地区积雪时空变化研究[D]. 长春：吉林大学.

张普金. 1993. 草原学[M]. 兰州：甘肃科学技术出版社.

张双阳. 2010. 内蒙古草甸草原家庭牧场放牧优化管理方式研究[D]. 呼和浩特：内
蒙古农业大学.

张巍. 2008. 固氮蓝藻在松嫩平原盐碱土生态修复中作用的研究[D]. 哈尔滨：哈尔
滨工业大学.

张学志，杨喜军. 2013. 松嫩平原盐碱地开发利用状况分析[J]. 吉林水利，16（12）：29-31.

张振东，包金莲. 2005. 奶牛饲养中缺钙症[J]. 致富之友（7）：43.

张震. 2006. 小叶锦鸡儿对不同放牧强度的生物学响应[D]. 北京：中国科学院研究生院.

赵海卿，张哲寰，王长琪. 2009. 松嫩平原土地沙化现状、动态变化及防治对策[J]. 干旱区资源与环境，23（3）：107-113.

赵萌莉，许志信. 1994. 短花针茅荒漠草原主要牧草再生特性及其影响因素的研究[J]. 草地学报，2（2）：33-42.

郑丕留. 1980. 我国主要家畜品种的生态特征[J]. 畜牧兽医学报，11（3）：129-138.

周婵，张卓，吕勇通，等. 2011. 松嫩平原两个生态型羊草营养和生殖生长的研究[J]. 草地学报，19（3）：372-376.

周海林. 1992. 宁夏盐池县半农半牧区草原畜群发展预测分析[J]. 应用生态学报，3（2）：149-154.

周子彦，刘美丽，孙玲，等. 2010. 舍饲在发展现代畜牧业中的意义[J]. 畜牧与饲料科学，31（4）：58-58.

朱桂林，雅梅，卫智军，等. 2002. 放牧制度对短花针茅群落植物种群有性繁殖能力的影响[J]. 中国草地，24（5）：2-5.

祝廷成. 2004. 羊草生物生态学[M]. 长春：吉林科学技术出版社.

A R michell，黄振义，郑星道. 1987. 钠对草食动物健康和疾病的影响[J]. 国外畜牧科技（1）：37-40.

Fontenot J P，丁翠华. 1996. 影响反刍动物镁吸收和代谢的因素[J]. 黑龙江畜牧兽医（4）：44-45.

M Seelig，江涛. 1990. 镁缺乏症对心血管系统的影响：发病机理及临床表现[J]. 国外医学·心血管疾病分册（1）：14-16.

Abbasi M K, Adams W A. 2000. Estimation of Simultaneous Nitrification and Denitrification in Grassland Soil Associated with Urea-n Using 15n and Nitrification Inhibitor[J]. Biology and Fertility of Soils, 31（1）：38-44.

Ackerman C, Purvis H, Horn G, et al. 2001. Performance of Light Vs Heavy Steers Grazing Plains Old World Bluestem at Three Stocking Rates[J]. Journal of Animal Science, 79（2）：493-499.

Agrawal A A. 1998. Induced Responses to Herbivory and Increased Plant Performance[J]. Science, 279（5 354）：1 201-1 202.

Alexandrou A, Earl R. 1997. Development of a Technique for Assessing the Behaviour of Soil Under Load[J]. Journal of Agricultural Engineering Research,

68（2）: 169-180.

Allen S M, Mertens R D. 1988. Evaluating constraints on fiber digestion by rumen microbes[J]. The Journal of nutrition, 118（2）: 70-261.

Annison G. 1993. The Role of Wheat Non-starch Polysaccharides in Broiler Nutrition[J]. Australian Journal of Agricultural Research, 44（3）: 405-422.

Augustine D J, Mcnaughton S J. 2006. Interactive Effects of Ungulate Herbivores, Soil Fertility, and Variable Rainfall on Ecosystem Processes in a Semi-arid Savanna[J]. Ecosystems, 9（8）: 1 242-1 256.

Bailey Derek W, Gross John E, Laca Emilio A, et al. 1996. Mechanisms That Result in Large Herbivore Grazing Distribution Patterns[J]. Journal of Range Management, 49（5）: 386.

Ballard R, Simpson R, Pearce G. 1990. Losses of the Digestible Components of Annual Ryegrass（loliumRigidum Gaudin）During Senescence[J]. Australian Journal of Agricultural Research, 41（4）: 719-731.

Balph D F, Balph M H, Malechek J C. 1989. Cues Cattle Use to Avoid Stepping on Crested Wheatgrass Tussocks[J]. J. Range Manage, 42: 376-377.

Banchorndhevakul S. 2002. Effect of Urea and Urea-gamma Treatments on Cellulose Degradation of Thai Rice Straw and Corn Stalk[J]. Radiation Physics & Chemistry, 64（5）: 417-422.

Barioni L G, DakeC K G, Parker W J. 1999. Optimizing Rotational Grazing in Sheep Management Systems[J]. Environment International, 25（6）: 819-825.

Belsky A J. 1992. Effects of Grazing, Competition, Disturbance and Fire on Species Composition and Diversity in Grassland Communities[J]. Journal of Vegetation Science, 3（2）: 187-200.

Benjamin R W, Oren E, Becker E K K. 1992. The Apparent Digestibility of AtriplexBarclayana and Its Effect on Nitrogen Balance in Sheep[J]. Animal Production, 54（2）: 259-264.

Bernays E A, Bright K L, Gonzalez N, et al. 1994. Dietary Mixing in a Generalist Herbivore: Tests of Two Hypotheses[J]. Ecology, 75（7）: 1 997-2 006.

Biondini M E, Patton B D, Nyren P E. 1998. Grazing Intensity and Ecosystem Processes in a Northern Mixed-grass Prairie, Usa[J]. Ecological Applications, 8（2）: 469-479.

Blunden B, Mcbride R, Daniel H, et al. 1994. Compaction of an Earthy Sand By Rubber Tracked and Tired Vehicles[J]. Soil Research, 32（5）: 1 095-1 108.

Bogaert N, Salomez J, Vermoesen A, et al. 2000. Within-field Variability of

Mineral Nitrogen in Grassland[J]. Biology and Fertility of Soils, 32（3）: 186–193.

Branson F A. 1981. Rangeland hydrology（2nd edn）[M]. Dubuque, IA, Kendall/Hunt.

Bremer E, Kuikman P. 1997. Influence of Competition for Nitrogen in Soil on Net Mineralization of Nitrogen[J]. Plant & Soil, 190（1）: 119–126.

Briske D D, Anderson V J. 1990. Tiller Dispersion in Populations of the Bunchgrass Schizachyriumscoparium: Implications for Herbivory Tolerance[J]. Oikos, 59（1）: 50.

Briske D D, Derner J, Brown J, et al. 2008. Rotational Grazing on Rangelands: Reconciliation of Perception and Experimental Evidence[J]. Rangeland Ecology & Management, 61（1）: 3–17.

Burritt E A, Provenza F D. 2000. Role of Toxins in Intake of Varied Diets By Sheep[J]. Journal of Chemical Ecology, 26（8）: 1 991–2 005.

Charnov E L. 1976. Optimal Foraging, the Marginal Value Theorem[J]. Theoretical Population Biology, 9（2）: 129–136.

Chen Z, Wang Y. 2003. Update Progress on Grassland Ecosystem Research in Inner Mongolia Steppe[J]. Chinese Bulletin of Botany, 20（4）: 423–429.

Chosdu Rahayu, Hilmy Nazly, Erizal, et al. 1993. Radiation and chemical pretreatment of cellulosic waste[J]. Radiation Physics and Chemistry, 42（4）: 695–698.

Cingolani A M, Noymeir I, Díaz S. 2005. Grazing Effects on Rangeland Diversity: a Synthesis of Contemporary Models[J]. Ecological Applications, 15（2）: 757–773.

Clarkson D T, Lüttge U. 1991. Mineral Nutrition: Inducible and Repressible Nutrient Transport Systems[M]. Springer Berlin Heidelberg: 61–83.

Collins S L, Knapp A K, Briggs J M, et al. 1998. Modulation of Diversity By Grazing and Mowing in Native Tallgrass Prairie[J]. Science, 280（5 364）: 745.

Connell J H. 1979. Intermediate-disturbance Hypothesis[J]. Science, 204（4 399）: 1 344–1 345.

Cook C W, Taylor K, Harris L E. 1962. The Effect of Range Condition and Intensity of Grazing Upon Daily Intake and Nutritive Value of the Diet on Desert Ranges[J]. Journal of Range Management, 15（1）: 1–6.

Cooper S D B, Kyriazakis I, Oldham J D. 1994. The Effect of Late Pregnancy on the Diet Selections Made by Ewes[J]. Livestock Production Science, 40（3）: 263–275.

Cumming I. 2001. The Mineral Nutrition of Livestock[J]. Veterinary Journal, 161 (1): 70-71.

Danford D E. 1982. Pica and Nutrition[J]. Annual Review of Nutrition, 2 (2): 303-322.

Darwish Galila A M A, Bakr A A, Abdallah M M F. 2012. Nutritional value upgrading of maize stalk by using Pleurotusostreatus and Saccharomyces cerevisiae in solid state fermentation[J]. Annals of Agricultural Sciences, 57 (1): 47-51.

Davidson D W. 1993. The Effects of Herbivory and Granivory on Terrestrial Plant Succession[J]. Oikos, 68 (1): 23.

Davidson J, Mathieson J, Boyne A W. 1970. The Use of Automation in Determining Nitrogen By the Kjeldahl Method, with Final Calculations By Computer[J]. Analyst, 95 (127): 93-181.

Douglas J, Koppi A, Moran C. 1992. Alteration of the Structural Attributes of a Compact Clay Loam Soil By Growth of a Perennial Grass Crop[J]. Plant and Soil, 139 (2): 195-202.

Dumont B, Carrere P, D'hour P. 2002. Foraging in Patchy Grasslands: Diet Selection By Sheep and Cattle Is Affected By the Abundance and Spatial Distribution of Preferred Species[J]. Animal Research, 51 (5): 367-381.

Dumont B, Maillard J F, Petit M. 2000. The Effect of the Spatial Distribution of Plant Species Within the Sward on the Searching Success of Sheep When Grazing[J]. Grass & Forage Science, 55 (2): 138.

Dunn R M, Mikola J, Bol R, et al. 2006. Influence of Microbial Activity on Plant-microbial Competition for Organic and Inorganic Nitrogen[J]. Plant & Soil, 289 (1): 321-334.

Early D M, Provenza F D. 1998. Food Flavor and Nutritional Characteristics Alter Dynamics of Food Preference in Lambs[J]. Journal of Animal Science, 76 (3): 34-728.

Edwards G R, Newman J A, Parsons A J, et al. 1994. Effects of the Scale and Spatial Distribution of the Food Resource and Animal State on Diet Selection: An Example with Sheep[J]. The Journal of Animal Ecology, 63 (4): 816.

El shaer H M. 2010. Halophytes and Salt-tolerant Plants as Potential Forage for Ruminants in the Near East Region (special Issue: Potential Use of Halophytes and Other Salt-tolerant Plants in Sheep and Goat Feeding) [J]. Small Ruminant Research, 91 (1): 3-12.

Evans R. 1998. The Erosional Impacts of Grazing Animals[J]. Progress in Physical Geography, 22（2）: 251-268

Fisher D S, Mayland H F, Burns J C. 1999. Variation in Ruminants'Preference for Tall Fescue Hays Cut Either at Sundown Or at Sunup[J]. Journal of Animal Science, 77（3）: 762-768.

Folch J, Lees M, Sloanestanley G H. 1957. A Simple Method for the Isolation and Purification of Total Lipides From Animal Tissues[J]. Journal of Biological Chemistry, 226（1）: 497-509.

Forbes M J. 2000. Minimal Total Discomfort as a Concept for the Control of Food Intake and Selection[J]. Appetite, 33（3）: 371.

Freeland W J, Janzen D H. 1974. Strategies in Herbivory By Mammals: the Role of Plant Secondary Compounds[J]. The American Naturalist, 108（961）: 269-289.

Frost P C, Evanswhite M A, Finkel Z V, et al. 2005. Are We What We Eat? Physiological Constraints on Organismal Stoichiometry in an Elementally Imbalanced World[J]. Oikos, 109（1）: 18-28.

Frost P C, Evanswhite M A, Finkel Z V, et al. 2010. Are You What You Eat? Physiological Constraints on Organismal Stoichiometry in an Elementally Imbalanced World[J]. Oikos, 109（1）: 18-28.

Galt D, Molinar F, Navarro J, et al. 2000. Grazing Capacity and Stocking Rate[J]. Rangelands, 22（6）: 7-11.

Gao Y, Wang D B L, Bai Y, et al. 2008. Interactions Between Herbivory and Resource Availability on Grazing Tolerance of Leymus Chinensis[J]. Environmental & Experimental Botany, 63（3）: 113-122.

Gardner R M, Ashby R W. 1970. Connectance of Large Dynamic（Cybernetic）Systems: Critical Values for Stability[J]. Nature, 228（5 273）: 784.

Goad D W, Goad C L, Nagaraja T G. 1998. Ruminal Microbial and Fermentative Changes Associated with Experimentally Induced Subacute Acidosis in Steers[J]. Journal of Animal Science, 76（1）: 41-234.

Goering H K, Vansoest P J. 1970. Forage Fiber Analyses（apparatus, Reagents, Prcedures, and Some Applications）[M]. ARS/USDA handbook, 387-598.

Goodman Daniel. 1975. The Theory of Diversity-Stability Relationships in Ecology[J]. Stony Brook Foundation, Inc., 50（3）: 237-266.

Green Richard F. 1984. Stopping Rules for Optimal Foragers[J]. University of Chicago Press, 123（1）: 30-43.

Greene R, Kinnell P, Wood J T. Role of Plant Cover and Stock Trampling on

Runoff and Soil-erosion From Semi-arid Wooded Rangelands[J]. Soil Research, 1994, 32（5）: 953-973.

Grubb J A, Dehority B A. 1975. Effects of an Abrupt Change in Ration From All Roughage to High Concentrate Upon Rumen Microbial Numbers in Sheep[J]. Applied Microbiology, 30（3）: 404-412.

Gupta S, Schneider E, Larson W, et al. 1987. Influence of Corn Residue on Compression and Compaction Behavior of Soils[J]. Soil Science Society of America Journal, 51（1）: 207-212.

Haddad S G. 2000. Associative Effects of Supplementing Barley Straw Diets with Alfalfa Hay on Rumen Environment and Nutrient Intake and Digestibility for Ewes[J]. Animal Feed Science & Technology, 87（3）: 163-171.

Hafley J. 1996. Comparison of Marshall and Surrey Ryegrass for Continuous and Rotational Grazing[J]. Journal of Animal Science, 74（9）: 2 269-2 275.

Han G, Hao X, Zhao M, et al. 2008. Effect of Grazing Intensity on Carbon and Nitrogen in Soil and Vegetation in a Meadow Steppe in Inner Mongolia[J]. Agriculture Ecosystems & Environment, 125（1）: 21-32.

Han G, Li B, Wei Z, et al. 2000. Live Weight Change of Sheep Under 5 Stocking Rates in StipaBreviflora Desert Steppe[J]. Grassland of China, 1: 4-38.

Hartnett D C, Owensby C E. 2004. Grazing Management Effects on Plant Species Diversity in Tallgrass Prairie[J]. Journal of Range Management, 57（1）: 58-65.

Hassalla M, Smith D W, Gilroy J J, et al. 2002. Effects of Spatial Heterogeneity on Feeding Behaviour of Porcellio Scaber（Isopoda: Oniscidea）[J]. European Journal of Soil Biology, 38（1）: 53-57.

Haynes R J, Williams P H. 1993. Nutrient Cycling and Soil Fertility in the Grazed Pasture Ecosystem[J]. Advances in Agronomy, 49（8）: 119-199.

Heady H F. 1949. Methods of Determining Utilization of Range Forage[J]. Journal of Range Management, 2（2）: 53-63.

Henry D, Simpson R, Macmillan R. 2000. Seasonal Changes and the Effect of Temperature and Leaf Moisture Content on Intrinsic Shear Strength of Leaves of Pasture Grasses[J]. Australian Journal of Agricultural Research, 51（7）: 823-831.

Herrick J E, Lal R. 1995. Soil Physical Property Changes During Dung Decomposition in a Tropical Pasture[J]. Soil Science Society of America Journal, 59（3）: 908-912.

Huhtanen P, Hristov A N. 2009. A Meta-analysis of the Effects of Dietary Protein Concentration and Degradability on Milk Protein Yield and Milk N Efficiency in

Dairy Cows[J]. Journal of Dairy Science, 92（7）：32-3 222.

Hull J, Meyer J, Kromann R. 1961. Influence of Stocking Rate on Animal and Forage Production From Irrigated Pasture[J]. Journal of Animal Science, 20（1）：46-52.

Hunt L P. 2008. Safe Pasture Utilisation Rates as a Grazing Management Tool in Extensively Grazed Tropical Savannas of Northern Australia[J]. The Rangeland Journal, 30（3）：305-315.

Hurley L S, Keen C L, Lönnerdal B, et al. 2000. Trace Elements in Man and Animals 10[J]. Journal of Bone & Mineral Research the Official Journal of the American Society for Bone & Mineral Research, 14（7）：1 211-1 216.

Illius A W, Clark D A, Hodgson J. 1992. Discrimination and Patch Choice by Sheep Grazing Grass-clover Swards[J]. Journal of Animal Ecology, 61（1）：183-194.

Jacoby P W. 1998. Glossary of Terms Used in Range Management: a Definition of Terms Commonly Used in Range Management[R]. Society for Range Management.

Jotaro U, Masami N, Keiichi K. 1995. Contribution of Metazoan Plankton to the Cycling of Nitrogen and Phosphorus in Lake Biwa[J]. Limnology & Oceanography, 40（2）：232-241.

Jung H G, Allen M S. 1995. Characteristics of Plant Cell Walls Affecting Intake and Digestibility of Forages By Ruminants[J]. Journal of Animal Science, 73（9）：2 774-2 790.

Kenzie K L. 2001. Grazing Effects on Soil Physical Properties and the Consequences for Pastures: a Review[J]. Australian Journal of Experimental Agriculture（41）：1 232-1 250.

Khounsy S, Nampanya S, Inthavong P, et al. 2012. Significant Mortality of Large Ruminants Due to Hypothermia in Northern and Central Lao Pdr[J]. Tropical Animal Health & Production, 44（4）：42-835.

Kirby J. 1991. Strength and Deformation of Agricultural Soil: Measurement and Practical Significance[J]. Soil Use and Management, 7（4）：223-229.

Knoepp J D, Swank W T. 1998. Rates of Nitrogen Mineralization Across an Elevation and Vegetation Gradient in the Southern Appalachians[J]. Plant & Soil, 204（2）：235-241.

Lavorel S, Mcintyre S, Landsberg J, et al. 1997. Plant Functional Classifications: From General Groups to Specific Groups Based on Response to Disturbance[J]. Trends in Ecology & Evolution, 12（12）：474.

Lin L, Dickhoefer U, Müller K, et al. 2012. Growth of Sheep as Affected By Grazing System and Grazing Intensity in the Steppe of Inner Mongolia, China[J]. Livestock Science, 144（1）: 140-147.

Ling W, Wang D, He Z, et al. 2010. Mechanisms Linking Plant Species Richness to Foraging of a Large Herbivore[J]. Journal of Applied Ecology, 47（4）: 868.

Liu J, Feng C, Wang D, et al. 2015. Impacts of Grazing By Different Large Herbivores in Grassland Depend on Plant Species Diversity[J]. Journal of Applied Ecology, 52（4）: 1 053-1 062.

Liu Jun, Feng Chao, Wang Deli, et al. 2015. Impacts of Grazing by Different Large Herbivores in Grassland Depend on Plant Species Diversity[J]. J Appl Ecol, 52（4）: 1 053-1 062.

Long R J, Dong S K, Wei X H, et al. 2005. The Effect of Supplementary Feeds on the Bodyweight of Yaks in Cold Season[J]. Livestock Production Science, 93（3）: 197-204.

Lu C. 1988. Grazing Behavior and Diet Selection of Goats[J]. Small Ruminant Research, 1（3）: 205-216.

Lukas M, Sperfeld E, Wacker A. 2011. Growth Rate Hypothesis Does Not Apply Across Colimiting Conditions: Cholesterol Limitation Affects Phosphorus Homoeostasis of an Aquatic Herbivore[J]. Functional Ecology, 25（6）: 1 206.

Macarthur R. 1955. Fluctuations of Animal Populations and a Measure of Community Stability[J]. Ecology, 36（3）: 533-536.

Manier D J, Hobbs N T. 2006. Large Herbivores Influence the Composition and Diversity of Shrub-steppe Communities in the Rocky Mountains, Usa[J]. Oecologia, 146（4）: 641.

Manley W, Hart R, Samuel M, et al. 1997. Vegetation, Cattle, and Economic Responses to Grazing Strategies and Pressures[J]. Journal of Range Management, 50（6）: 638-646.

Marsh K J, Wallis I R, Mclean S, et al. 2006. Conflicting Demands on Detoxification Pathways Influence How Common Brushtail Possums Choose Their Diets[J]. Ecology, 87（8）: 12-2 103.

May R M. 1978. Stability and Complexity in Model Ecosystems[J]. Ieee Transactions on Systems Man & Cybernetics, 6（10）: 779-779.

May R M. Stability and Complexity in Model Systems[J]. Monographs in Population Biology, 6: 1-235.

Mayland H F, Shewmaker G E. 1999. Plant Attributes That Affect Livestock

Selection and Intake[J]. Comm. math. phys（2）: 389-416.

Mcgowan M, Wellings S, Fry G. 1983. The Structural Improvement of Damaged Clay Subsoils[J]. European Journal of Soil Science, 34（2）: 233-248.

Mcnaughton, Banyikwa, Mcnaughton. 1997. Promotion of the cycling of diet-enhancing nutrients by african grazers[J]. Science（New York, N. Y. ）, 278（5 344）: 1 798-1 800.

Menesatti P, Antonucci F, Pallottino F, et al. 2010. Estimation of Plant Nutritional Status By Vis-nir Spectrophotometric Analysis on Orange Leaves [citrus Sinensis（1）OsbeckCvTarocco][J]. Biosystems Engineering, 105（4）: 448-454.

Mertens D R, Ely L O. 1982. Relationship of Rate and Extent of Digestion to Forage Utilization-a Dynamic Model Evaluation[J]. Journal of Animal Science, 54（4）: 895-905.

Mertens D R. 2002. Gravimetric Determination of Amylase-treated Neutral Detergent Fiber in Feeds with Refluxing in Beakers Or Crucibles: Collaborative Study[J]. Journal of Aoac International, 85（6）: 1 217.

Mikola J, Yeates G W, Barker G M, et al. 2001. Effects of Defoliation Intensity on Soil Food-web Properties in an Experimental Grassland Community[J]. Oikos, 92（2）: 333.

Milchunas D G, Lauenroth W K. 1993. Quantitative Effects of Grazing on Vegetation and Soils Over a Global Range of Environments[J]. Ecological Monographs, 63（4）: 328-366.

Molle G, Decandia M, Giovanetti V, et al. 2009. Responses to Condensed Tannins of Flowering Sulla（*hedysarum Coronarium* L.）Grazed By Dairy Sheep. Part 1: Effects on Feeding Behaviour, Intake, Diet Digestibility and Performance[J]. Livestock Science, 123（2）: 230-240.

Müller K, Dickhoefer U, Lin L, et al. 2014. Impact of Grazing Intensity on Herbage Quality, Feed Intake and Live Weight Gain of Sheep Grazing on the Steppe of Inner Mongolia[J]. The Journal of Agricultural Science, 152（1）: 153-165.

Naeem Shahid. 2002. Ecosystem Consequences of Biodiversity Loss: The Evolution of a Paradigm[J]. Ecology, 83（6）: 1 537-1 552.

Nielsen K F, Cunningham R K. 1964. The Effects of Soil Temperature and Form and Level of Nitrogen on Growth and Chemical Composition of Italian Ryegrass[J]. Soil Science Society of America Journal, 28（2）: 213-218.

O'sullivan M. 1992. Uniaxial Compaction Effects on Soil Physical Properties in Relation to Soil Type and Cultivation[J]. Soil and Tillage Research, 24 (3): 257-269.

Oesterheld M, Mcnaughton S J. 1991. Effect of Stress and Time for Recovery on the Amount of Compensatory Growth After Grazing[J]. Oecologia, 85 (3): 305.

Oldeman. 1981. World Map of the Status of Human-induced Soil Degradation. An Explanatory Note. Wagenin-gen: International Soil Reference and Information centre/Nairobi[M]. United Nations Environment Pro-gramme.

Oldick S B, Firkins L J. 2000. Effects of Degree of Fat Saturation on Fiber Digestion and Microbial Protein Synthesis When Diets are Fed Twelve Times Daily[J]. Journal of animal science, 78 (9): 2400-2 412.

Olff H, Ritchie M E. 1998. Effects of Herbivores on Grassland Plant Diversity[J]. Trends in Ecology & Evolution, 13 (7): 261.

Parsons A J, Newman J A, Penning P D, et al. 1994. Diet Preference of Sheep: Effects of Recent Diet, Physiological State and Species Abundance[J]. Journal of Animal Ecology, 63 (2): 465-478.

Pennings S C, Nadeau M T, Paul V J. 1993. Selectivity and Growth of the Generalist Herbivore DolabellaAuricularia Feeding Upon Complementary Resources[J]. Ecology, 74 (3): 879.

Pouyat R V, Mcdonnell M J, Pickett S T A. 1997. Litter Decomposition and Nitrogen Mineralization in Oak Stands Along an Urban-rural Land Use Gradient[J]. Urban Ecosystems, 1 (2): 117-131.

Provenza F D, Scott C B, Phy T S, et al. 1996. Preference of Sheep for Foods Varying in Flavors and Nutrients[J]. Journal of Animal Science, 74 (10): 61-2 355.

Provenza F D, Villalba J J, Dziba L E, et al. 2003. Linking Herbivore Experience, Varied Diets, and Plant Biochemical Diversity[J]. Small Ruminant Research, 49 (3): 257-274.

Pyke G H. 2009. Optimal Foraging Theory: A Critical Review[J]. Annual Review of Ecology and Systematics, 15 (1): 523-575.

Ralphs M H, Kothmann M M, Taylor CA. 1990. Vegetation Response to Increased Stocking Rates in Short-duration Grazing[J]. Journal of Range Management, 43 (2): 104.

Raubenheimer D, Simpson S J, Mayntz D. 2009. Nutrition, Ecology and Nutritional Ecology: Toward an Integrated Framework[J]. Functional Ecology,

23（1）：4-16.

Richardson David M, Pyšek Petr. 2007. Elton, C. S. 1958: The ecology of invasions by animals and plants. London: Methuen[J]. Progress in Physical Geography, 31（6）：659-666.

Rossignol N, Bonis A, Bouzillé J B. 2006. Consequence of Grazing Pattern and Vegetation Structure on the Spatial Variations of Net N Mineralisation in a Wet Grassland[J]. Applied Soil Ecology, 31（1）：62-72.

Rutherford M C, Powrie L W. 2013. Impacts of Heavy Grazing on Plant Species Richness: a Comparison Across Rangeland Biomes of South Africa[J]. South African Journal of Botany, 87（1）：146-156.

Ryan M G, Law B E. 2005. Interpreting, Measuring, and Modeling Soil Respiration[J]. Biogeochemistry, 73（1）：3-27.

Salire E, Hammel J, Hardcastle J. 1994. Compression of Intact Subsoils Under Short-duration Loading[J]. Soil and Tillage Research, 31（2）：235-248.

Sandberg F B, Emmans G C, Kyriazakis I. 2006. A Model for Predicting Feed Intake of Growing Animals During Exposure to Pathogens[J]. Journal of Animal Science, 84（6）：66-1 552.

Sankaran Mahesh, Mcnaughton S J. 1999. Determinants of Biodiversity Regulate Compositional Stability of Communities[J]. Nature, 401（6 754）：691-693.

Schjønning P, Christensen B T, Carstensen B. 1994. Physical and Chemical Properties of a Sandy Loam Receiving Animal Manure, Mineral Fertilizer Or No Fertilizer for 90 Years[J]. European Journal of Soil Science, 45（3）：257-268.

Scholefield D. 1986. The Fast Consolidation of Grassland Topsoil[J]. Soil and Tillage Research, 6（3）：203-210.

Schönbach P, Wan H, Gierus M, et al. 2011. Grassland Responses to Grazing: Effects of Grazing Intensity and Management System in an Inner Mongolian Steppe Ecosystem[J]. Plant and Soil, 340（1）：103-115.

Schönbach P, Wan H W, Gierus M, et al. 2010. Grassland Responses to Grazing: Effects of Grazing Intensity and Management System in the Inner Mongolia Steppe[J]. Plant & Soil, 340（1）：103-115.

Schuman G E, Reeder J D, Manley J T, et al. 1999. Impact of Grazing Management on the Carbon and Nitrogen Balance of a Mixed-grass Rangeland[J]. Ecological Applications, 9（1）：65-71.

Shikui D, Ruijun L, Muyi K, et al. 2003. Effect of Urea Multinutritional Molasses Block Supplementation on Liveweight Change of Yak Calves and

Productive and Reproductive Performances of Yak Cows[J]. Canadian Journal of Animal Science, 83（1）: 141-145.

Sinclair A R E, Smith N M. 1984. Do Plant Secondary Compounds Determine Feeding Preferences of Snowshoe Hares? [J]. Oecologia, 61（3）: 403-410.

Soane B, Blackwell P, Dickson J, et al. 1981. Compaction by Agricultural Vehicles: a Review Ii. Compaction Under Tyres and Other Running Gear[J]. Soil and Tillage Research, 1: 373-400.

Squires V, Wilson A, Daws G. 1972. Comparisons of the Walking Activity of Some Australian Sheep[C]//Proc Aust Soc Anim Prod, 376-380.

Sternberg M, Gutman M, Perevolotsky A, et al. 2000. Vegetation Response to Grazing Management in a Mediterranean Herbaceous Community: a Functional Group Approach[J]. Journal of Applied Ecology, 37（2）: 224.

Sterner R W, Schulz K L. 1998. Zooplankton Nutrition: Recent Progress and a Reality Check[J]. Aquatic Ecology, 32（4）: 261-279.

Strobel H J, Russell J B. 1986. Effect of pH and Energy Spilling on Bacterial Protein Synthesis by Carbohydrate-limited Cultures of Mixed Rumen Bacteria[J]. Journal of Dairy Science, 69（11）: 2 941-2 947.

Sulkava P, Huhta V, Laakso J. 1996. Impact of Soil Faunal Structure on Decomposition and N-mineralisation in Relation to Temperature and Moisture in Forest Soil[J]. Pedobiologia, 40（6）: 505-513.

Swain D L, Wark T, Bishop-hurley G J. 2008. Using High Fix Rate GPS Data to Determine the Relationships Between Fix Rate, Prediction Errors and Patch Selection[J]. Ecological Modelling, 212（3）: 273-279.

Tilley J M A, Terry R A. 1963. A Two-stage Technique for the in Vitro Digestion of Forage Crops[J]. Grass & Forage Science, 18（2）: 104.

Tisdall J. 1994. Possible Role of Soil Microorganisms in Aggregation in Soils[J]. Plant and Soil, 159（1）: 115-121.

Tribe D. 1949. Some Seasonal Observations on the Grazing Habits of Sheep[J]. Empire Journal of Experimental Agriculture, 17: 105-115.

Urpi-sarda Mireia, Morand Christine, Besson Catherine, et al. 2008 Tissue Distribution of Isoflavones in Ewes After Consumption of Red Clover Silage[J]. Archives of Biochemistry and Biophysics, 476（2）: 205-210.

Valentine K A. 1947. Distance From Water as a Factor in Grazing Capacity of Rangeland[J]. Journal of Forestry, 45（10）: 749-754.

Vohra P, Kratzer H F. 1964. Growth Inhibitory Effect of Certain Polysaccharides for Chickens[J]. Poultry Science, 43（5）: 1 164-1 170.

Wagner N D, Hillebrand H, Wacker A, et al. 2013. Nutritional Indicators and Their Uses in Ecology[J]. Ecology Letters, 16（4）: 535.

Wang D, Fang J, Xing F, et al. 2008. Alfalfa as a Supplement of Dried Cornstalk Diets: Associative Effects on Intake, Digestibility, Nitrogen Metabolisation, Rumen Environment and Hematological Parameters in Sheep[J]. Livestock Science, 113（1）: 87-97.

Wang L, Wang D, Bai Y, et al. 2010. Spatial Distributions of Multiple Plant Species Affect Herbivore Foraging Selectivity[J]. Oikos, 119（2）: 401.

Wang L, Wang D, Liu J, et al. 2011. Diet Selection Variation of a Large Herbivore in a Feeding Experiment with Increasing Species Numbers and Different Plant Functional Group Combinations[J]. Acta Oecologica, 37（3）: 263-268.

Wang Ling, Wang Deli, He Zhengbiao, et al. 2010. Mechanisms linking plant species richness to foraging of a large herbivore[J]. Journal of Applied Ecology, 47（4）: 868-875.

Wang S, Li Y. 1999. Degradation Mechanism of Typical Grassland in Inner Mongolia[J]. Chinese Journal of Applied Ecology, 10（4）: 437-441.

Waughman G J, Bellamy D J. 1981. Movement of Cations in Some Plant Species Prior to Leaf Senescence[J]. Annals of Botany, 47（1）: 141-145.

Wegener Christina, Odasz Ann-Marie. 1997. Effects of Laboratory Simulated Grazing on Biomass of the Perennial Arctic Grass Dupontiafisheri from Svalbard: Evidence of Overcompensation[J]. Oikos, 79（3）: 496.

Westoby M. 1978. What Are the Biological Bases of Varied Diets? [J]. The American Naturalist, 112（985）: 627-631.

Willms W D, Smoliak S, Dormaar J F. 1985. Effects of Stocking Rate on a Rough Fescue Grassland Vegetation[J]. Journal of Range Management, 38（3）: 220-225.

Xing T, Lei B, Wang D L, et al. 2010. Growth Responses of Leymus Chinensis （trin.）Tzvelev to Sheep Saliva After Defoliation[J]. Rangeland Journal, 32（4）: 419-426.

Xu Y, Wan S, Cheng W, et al. 2008. Impacts of Grazing Intensity on Denitrification and N_2O Production in a Semi-arid Grassland Ecosystem[J]. Biogeochemistry, 88（2）: 103-115.

Yang Z, Wang Y, Yuan X, et al. 2016. Forage Intake and Weight Gain of Ewes Is Affected By Roughage Mixes During Winter in Northeastern China[J]. Animal

Science Journal, 88（8）: 1 058-1 065.

Young T P. 1987. Increased Thorn Length in Acacia depranolobium: An Induced Response to Browsing[J]. Springer-Verlag, 71（3）: 436-438.

Zhong Zhiwei, Wang Deli, Zhu Hui, et al. 2014. Positive interactions between large herbivores and grasshoppers, and their consequences for grassland plant diversity[J]. Ecology, 95（4）: 1 055-1 064.

Zhu Hui, Wang Deli, Wang Ling, et al. 2012. The effects of large herbivore grazing on meadow steppe plant and insect diversity[J]. J Appl Ecol, 49（5）: 1 075-1 083.

附录　能量计算公式及能量、能值折算标准

太阳能=区域面积（m^2）×年平均辐射量［J/（m^2·年）］

雨水化学能=降水量（m/年）×区域面积（m^2）×吉布斯自由能（4.94×10^3J/kg）×密度（1 000kg/m^3）

雨水势能=降水量（m/年）×区域面积（m^2）×平均海拔高度（m）×密度（1 000kg/m^3）×重力加速度（9.8m/s^2）

风能=平均风速（m/s）×空气层高（1 000m）×空气密度（1.23kg/m^3）×空气比热［10.048kJ/（kg·℃）］×水平温度梯度（℃/m）×面积（m^2）×（365×24×3 600s/年）

土壤净损耗能=区域面积（m^2）×土壤侵蚀速率［（g/m^2·年）］×有机质%×有机质能值（5.4kcal/g）×（4 186J/kcal）

能量折算标准

项目	能量折算系数	单位
人力	750	kJ/h
畜力	7 750	kJ/h
农业机械	75 370	kJ/kg
柴油	43 513.6	kJ/kg
汽油	46 024	kJ/kg
煤油	11 840	kJ/kg
农用电	12 500	kJ/kw·h
化学氮肥	92 048	kJ/kg
化学磷肥	13 388.8	kJ/kg
化学钾肥	9 204.8	kJ/kg
塑料薄膜	51 931.81	kJ/kg
种子	15 884	kJ/kg
粪便（干重）	17 790	kJ/kg

（续表）

项目	能量折算系数	单位
鲜粪便	3 138~4 184	kJ/kg
畜干粪	20 417.92	kJ/kg
香菇（干）	14 511.79	kJ/kg
稻谷	15 480.8	kJ/kg
玉米	16 526.8	kJ/kg
猪肉	25 921.14	kJ/kg
木屑	16 736	kJ/kg
麦麸	16 443.12	kJ/kg
玉米面	16 526.8	kJ/kg
稻糠	13 846.11	kJ/kg
草帘	864.4	kJ/kg
沼液	76.76	kJ/kg
沼渣	1 266.8	kJ/kg
谷物	18 000	kJ/kg
豆类	18 000	kJ/kg
薯类	18 000	kJ/kg
油料	18 000	kJ/kg
蔬菜	1 100	kJ/kg
水果	1 900	kJ/kg
瓜类	1 100	kJ/kg
猪肉	17 400	kJ/kg
牛肉	8 400	kJ/kg
羊肉	9 600	kJ/kg
禽肉	4 800	kJ/kg
奶类	3 600	kJ/kg
蛋类	6 900	kJ/kg

能值折算标准

项目	能值折算系数（sej/J）
太阳能	1
雨水化学能	15 444
雨水势能	8 888
潮汐能	23.576
土表损失	62 500
电力	159 000
燃油	66 000
化学氮肥	4 620 000 000
化学磷肥	17 800 000 000
化学钾肥	2 960 000 000
复合肥	4 600 000 000
农药	1 970 000
农机具	75 000 000
人力	380 000
畜力	146 000
有机肥	27 000
种子种苗	200 000
饲料	200 000
种畜种禽	2 000 000
水稻	35 900
玉米	58 100
大豆	690 000
薯类	2 700
花生	690 000
蔬菜	27 000
水果	530 000
秸秆	200 000

（续表）

项目	能值折算系数（sej/J）
肉类	1 710 000
奶	2 000 000
蛋类	700 000
水产品	2 000 000
小麦	68 000
油料	690 000
毛类	4 400 000

部分省、地区和国家能值分析指标比较

指标	甘肃	新疆	浙江	江苏	海南	中国	日本	泰国
总能值用量（10^{20}sej）	764.00	2 691.00	2 104.00	3 183.00	102.73	71 900.00	15 300.00	15 900.00
能值自给率（%）	32.86	94.00	84.50	76.10	80.00	98.00	6.50	70.00
人均能值（10^{15}sej/人）	2.94	11.70	4.50	4.28	5.30	4.38	12.64	3.18
能值密度（10^{11}sej/m²）	1.68	1.25	20.20	30.60	11.41	1.32	41.09	2.15
能值投入率	2.08	2.14	4.56	6.05	2.33		8.52	2.56
能值产出率	1.26	1.32	1.04	0.98	1.27	0.75	1.08	1.34
能值货币比率（sej/$）	11.88	14.70	2.82	3.02	2.33	6.45	2.14	3.52
环境负荷力	6.08	5.23	11.25	23.16	2.44	2.80	14.49	3.47

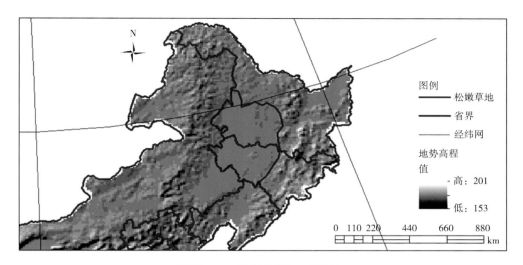

彩图3-1　松嫩平原的地理位置

Figure 3-1　Geographic location of the Songnen Plains

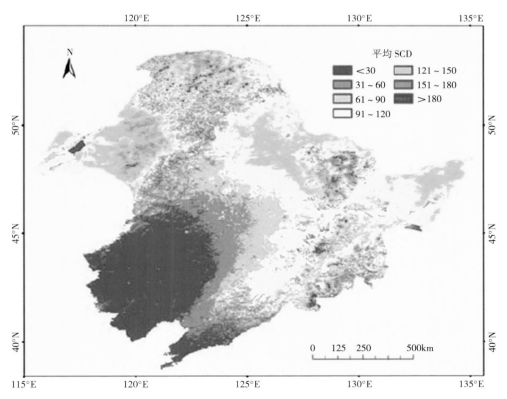

彩图3-2　2003—2014年东北地区平均积雪日数（SCD）空间分布

Figure 3-2　The space distribution of snow cover duration/days（SCD）in north eastern of China from 2003 to 2014

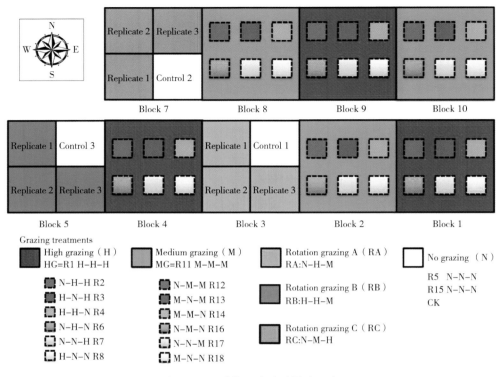

彩图4-1　放牧强度试验样地示意

Figure 4-1　The experimental schematic diagram of grazing intensity

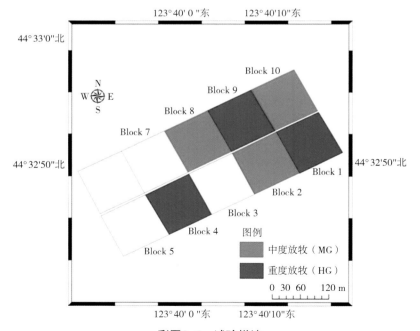

彩图6-1　试验样地

Figure 6-1　The experimental plots

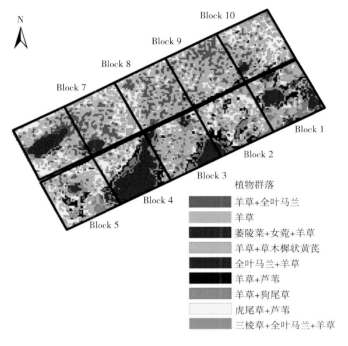

A. 植物小群落

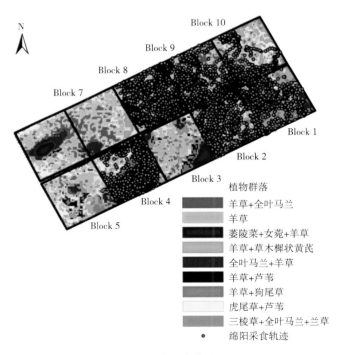

B. 绵羊采食轨迹

彩图6-2　草地植物小群落与绵羊采食轨迹匹配结果（2011年7月）

Figure 6-2　Matching results of the small plant communities of grassland with
foraging path of sheep in July，2011

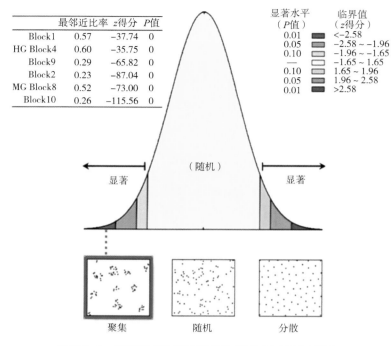

彩图6-3　绵羊采食轨迹空间分布模式（2011年7月）

Figure 6-3　The spatial distribution pattern of foraging tracks of sheep in July，2011

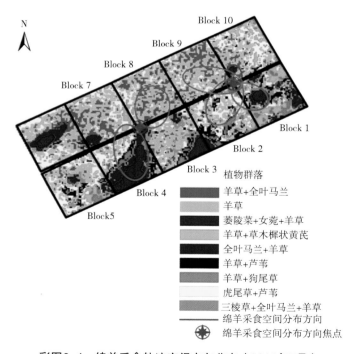

彩图6-4　绵羊采食轨迹空间方向分布（2011年7月）

Figure 6-4　The spatial direction distribution of foraging tracks of sheep in July，2011